## *Liebe Eltern!*

Diese Textaufgaben-Lernhilfe für Schüler der 5. Klasse soll eine **Vertiefung**, **Ergänzung und Hilfe** zu den in der Schule behandelten Lerninhalten sein. Die Übungsaufgaben sind nach steigendem **Schwierigkeitsgrad** geordnet und farblich gekennzeichnet: **leicht** – **mittel** – **schwierig**.
Wer in eine weiterführende Schule (Gymnasium/Realschule) gehen will, sollte die **rot** gekennzeichneten, also **schwierigen** Aufgaben lösen können.
In der **Mitte** des Übungsprogramms befindet sich der **herausnehmbare Lösungsteil** mit **vollständigen Lösungswegen** und **ausführlichen Erklärungen**.
Die **Zwischenergebnisse** sind grün und die **Endergebnisse** rot gekennzeichnet. Die Schüler können **ganz allein** und **selbstständig** lernen.

## *Hallo, liebe Schülerin, hallo, lieber Schüler!*

Besonders wichtig ist für deinen **Lernerfolg**, dass du **ehrlich** arbeitest. **Schau** die **Lösungen** in der Mitte des Buches erst dann nach, wenn du entweder sicher bist, dass dein Ergebnis stimmt, oder wenn du dir schon viel Mühe gegeben hast und du wirklich **nicht mehr weiterweißt**. Arbeite nicht länger als 35–40 Minuten pro Tag. Lege eine Pause von mindestens 5–10 Minuten ein! Bist du schon früher müde oder unkonzentriert, mache unbedingt eine Pause. Lies vor allem die **Tipps** auf der nächsten Seite genau durch und befolge sie, dann wirst du im Rechnen auch viel besser werden.

Liebe Schülerin, lieber Schüler, du wirst sehen, dass Übung den Meister macht und sich Ehrlichkeit dir selbst gegenüber am meisten lohnt. Bleib mutig und ehrgeizig, auch wenn eine Nuss mal schwer zu knacken ist.

Nun viel Spaß und Erfolg!
Das wünscht dir

*Ingrid Hauschka-Bohmann*

# Lerntipps zum Lösen von Textaufgaben:

1. Arbeite nicht länger als **30–40 Minuten** täglich.
2. Lege eine **Pause von 5–10 Minuten** ein, wenn du schon früher müde oder unkonzentriert bist.
3. **Lies** eine Aufgabe immer **so oft und genau durch**, bis du sie verstanden hast. Wichtige Informationen solltest du dabei gleich **unterstreichen**. Gib niemals zu früh auf!
4. Schreibe **übersichtlich und vor allem ordentlich**. So kannst du viele Fehler und Verwechslungen vermeiden.
5. Wenn du beim **Einmaleins** noch Schwierigkeiten hast, musst du dieses zuerst gründlich üben. Denn das Einmaleins ist Grundlage aller Textaufgaben. Du findest auf der drittletzten Seite eine Einmaleinstabelle. Außerdem kannst du mit unserem Heft **Mathe-Lernspaß** Nummer **653** das Einmaleins „spielerisch" üben.
6. Die **Teilungsaufgaben** in diesem Heft **gehen immer auf**. Sollte also ein Rest bei deiner Rechnung bleiben, hast du dich **verrechnet**. Versuche zunächst deinen Fehler zu finden, ehe du in der Lösung nachsiehst.
7. **Arbeite ehrlich!** Schau dir die Lösungen in der Mitte des Heftes erst dann an, wenn du sicher bist, dass dein Ergebnis stimmt, oder wenn du wirklich nicht mehr weiterweißt.
8. Überlege, ob dein Ergebnis überhaupt stimmen kann (Überschlagsrechnung). Denke auch daran, möglichst oft die **Probe** zu machen. Das Ergebnis der Probe zeigt dir, ob du richtig gerechnet hast. In der Schule solltest du die Probe nur dann machen, wenn du noch **genügend Zeit** dafür übrig hast.
9. Versuche dir den Sachverhalt immer **bildlich** vorzustellen. Fertige wenn möglich eine **Skizze** an.
10. Wenn du manche **Begriffe** nicht verstehst oder Schwierigkeiten beim Umrechnen von Größen und Maßen hast, findest du auch hierzu eine **Tabelle auf der viertletzten Seite**.
11. Ganz wichtig: Denke in deiner Matheprobe immer daran, einen **vollständigen Antwortsatz** zu schreiben. Am besten gewöhnst du dir das bereits bei den Übungsaufgaben in diesem Heft an.
12. Falls du Probleme beim Lösen einer Aufgabe hattest, sieh dir den Rechenweg im Lösungsteil genau an und finde deinen Fehler heraus. Stelle fest, wo du Schwierigkeiten hattest. Versuche diese Aufgabe in **1 bis 2 Wochen** noch einmal zu lösen.

Auf der nächsten Seite findest du deine **persönliche Erfolgstabelle**, in die du eintragen kannst, ob du eine Aufgabe richtig oder falsch gelöst hast.

Hier in dieser Übersicht (**Erfolgstabelle**) kannst du notieren, ob du eine Aufgabe **richtig** oder **falsch** gelöst hast. Die falsch gelöste Aufgabe solltest du so oft wiederholen, bis du sie richtig gelöst hast.

| Nr. | Nr. | Nr. | Nr. | Nr. |
|---|---|---|---|---|
| 1 | 22 | 43 | 64 | 85 |
| 2 | 23 | 44 | 65 | 86 |
| 3 | 24 | 45 | 66 | 87 |
| 4 | 25 | 46 | 67 | 88 |
| 5 | 26 | 47 | 68 | 89 |
| 6 | 27 | 48 | 69 | 90 |
| 7 | 28 | 49 | 70 | 91 |
| 8 | 29 | 50 | 71 | 92 |
| 9 | 30 | 51 | 72 | 93 |
| 10 | 31 | 52 | 73 | 94 |
| 11 | 32 | 53 | 74 | 95 |
| 12 | 33 | 54 | 75 | 96 |
| 13 | 34 | 55 | 76 | 97 |
| 14 | 35 | 56 | 77 | 98 |
| 15 | 36 | 57 | 78 | 99 |
| 16 | 37 | 58 | 79 | 100 |
| 17 | 38 | 59 | 80 | 101 |
| 18 | 39 | 60 | 81 | 102 |
| 19 | 40 | 61 | 82 | 103 |
| 20 | 41 | 62 | 83 | 104 |
| 21 | 42 | 63 | 84 | 105 |
| | | | | 106 |

grün = leichte blau = etwas schwierigere

rot = schwierige Aufgaben

Dieses Buch gehört:

______________________________

______________________________

# 1. Kapitel: Natürliche Zahlen

## Hallo! Darf ich mich vorstellen?

**1.** Ich bin ein zahlenhungriger Dinosaurier. Heute habe ich mal wieder besonders großen Hunger auf Zahlen.

- Bitte **schreibe** alle Zahlen **als Ziffern**, damit sie in meinem Magen gut Platz haben.
- **Ordne** sie dann **der Größe** nach. Beginne mit der **kleinsten** Zahl!

| | | | | | | |
|---|---|---|---|---|---|---|
| dreihundertacht | | | | | | |
| zweiundsiebzig | | | | | | |
| dreizehntausendachtundvierzig | | | | | | |
| viertausendachthundertsiebenundneunzig | | | | | | |
| siebenundzwanzigtausendachthundertfünf | | | | | | |
| vierundzwanzigtausendeins | | | | | | |
| sechshundertdreißigtausendneunzig | | | | | | |
| dreiundsechzigtausendneun | | | | | | |

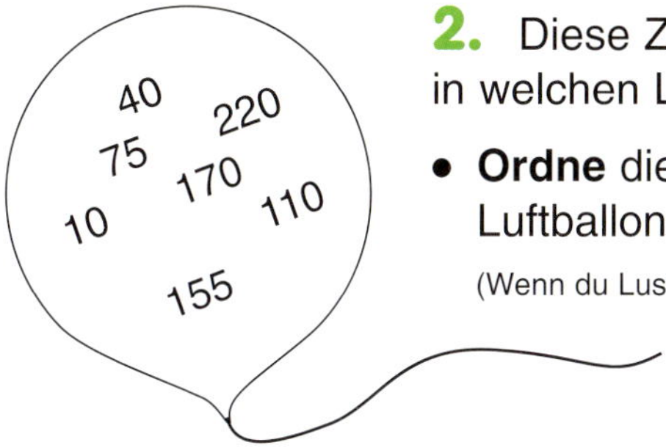


**2.** Diese Zahlen wissen nicht, in welchen Luftballon sie gehören.

- **Ordne** die Zahlen den richtigen Luftballons zu!

(Wenn du Lust hast, male die Luftballons bunt aus!)

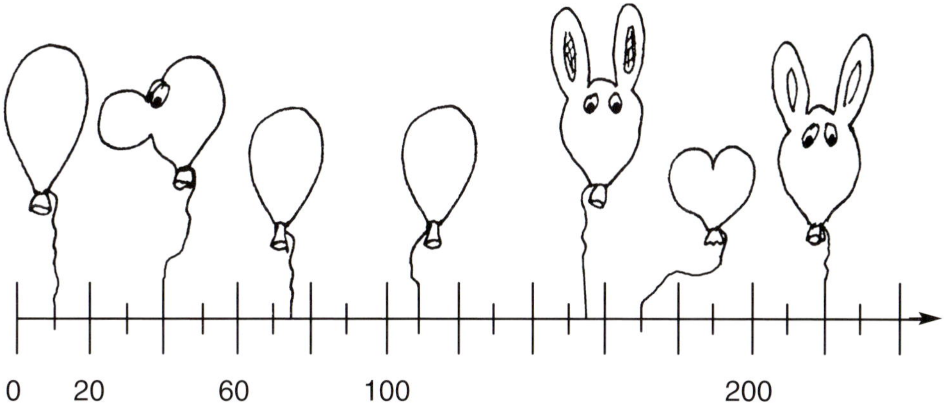


**3.** Überlege dir in folgenden Fällen jedes Mal, ob **gerundet** werden darf oder nicht. Wenn du meinst, dass gerundet werden darf, dann runde so, dass es **sinnvoll** ist!

a) Die Telefonnummer von Herrn Schmalz ist 83799.
b) 100 g Aufschnitt kosten beim Metzger 1,47 €.
c) In der Zeitung soll angegeben werden, wie viele Fußballfans zum Fußballspiel kamen. Es waren genau 12973 Fans.
d) Die Kontonummer von Frau Rose ist 753980.
e) Der neue Schrank von Familie Schön hat 996 € gekostet.
f) Opa wird heute 63 Jahre alt.

**4.** Setze die fehlenden Zahlen in die Tabelle ein!

| Vorgänger | | Nachfolger |
|---|---|---|
| 54 | 55 | 56 |
| | 486 | 487 |
| | | 3 000 |
| 707 998 | | |
| | | 9 341 |
| | 101 099 | |
| | 17 500 | |
| 9 979 | | |
| | 54 812 | |
| | 84 801 | |

**5.** Wie heißen die Nachfolger von:

9 ____

99 ______

9 999 ________

999 999 ____________

Wie heißen die Vorgänger von:

____ 100

______ 1 000

________ 1 001

__________ 10 000

**6.** Gib die Zahlen im Zahlenraum von 0 bis 50 an,

- die Vielfache von 3 sind (3er-Einmaleins).

3 6 9 ___ ___ ___ ___ ___ ___ ___ ___ ___ ___ ___ ___ ___

- die Vielfache von 5 (V(5)) sind.

___ ___ ___ ___ ___ ___ ___ ___ ___ ___

- die Vielfache von 3 **und** von 5 (V(3) und V(5)) sind.

___ ___ ___

**7.** Gib die Zahlen an,

- die Teiler von 24 (T(24)) sind. (**Tipp:** Überlege, durch welche Zahlen du die Zahl 24 teilen kannst.)

24 12 ___ ___ ___ ___ 2 1

- die Teiler von 60 (T(60)) sind.

___ ___ ___ ___ ___ ___ ___ ___ ___ ___ ___ ___

**8.** Maxi hat in der Schule überhaupt nicht aufgepasst.
Es fällt ihm nicht leicht, seine Hausaufgaben alleine zu machen.
Sei doch so nett und hilf Maxi bei seiner Hausaufgabe!

- Ergänze das Einmaleins!

V(7): ___ ___ 21 ___ ___ ___ ___ ___ ___ ___

V(12): ___ ___ ___ 48 ___ ___ ___ ___ ___ ___

V(16): ___ ___ ___ 64 ___ ___ ___ ___ ___ ___

- Ergänze die möglichen Teiler!

T(20): ___ ___ ___ ___ ___ ___

T(36): ___ ___ ___ 9 ___ ___ ___ ___ ___

T(80): ___ ___ ___ 16 ___ ___ ___ ___ ___ ___

## 9.

1. dreihundertsiebenundzwanzig Billionen achthundertvier Milliarden zweihundertelf Millionen vierhundertdrei-undneunzigtausendachthundertneunundsiebzig
2. vierundneunzig Billionen siebenundsiebzig Millionen achthunderttausendsiebenhundertsechs
3. einhundertdrei Billionen achthundertneunundneunzig Milliarden vierhundertfünftausendsechshundertsechsundsiebzig

- Schreibe sie bitte in dieses Zahlenhaus (Stellentafel) hinein!

**Ein Beispiel:** siebenhundertfünf Billionen | vierundzwanzig Milliarden | achtzehn Millionen | sechshundertachtzig-tausend | fünfhundert

Zahlenhaus

| Billionen | | | Milliarden | | | Millionen | | | Tausender | | | Hunderter | Zehner | Einer |
|---|---|---|---|---|---|---|---|---|---|---|---|---|---|---|
| 7 | 0 | 5 | 0 | 2 | 4 | 0 | 1 | 8 | 6 | 8 | 0 | 5 | 0 | 0 |
| | | | | | | | | | | | | | | |
| | | | | | | | | | | | | | | |
| | | | | | | | | | | | | | | |

**10.** Multipliziere eine zweistellige Zahl, die am Ende eine 5 hat, mit sich selbst.

Beispiel:

35 · 35
105
175
**1225**

Schneller und einfacher geht es, wenn du rechnest:
30 · 40 → 1200 und dann die Zahl 25 dazuzählst.

Rechnung:
30 · 40 → 1200
25
**1225**

---

Noch ein Beispiel:

45 · 45
180
225
**2025**

Schneller geht es so:

40 · 50 → 2000
\+ 25
**2025**

---

Versuche es selbst einmal mit folgenden Zahlen:

# 2. Kapitel: Addition und Subtraktion

## **11.** Keine Angst!

Dieser nette Drache frisst keine Menschen.
Er hat nur immer großen Hunger auf Zahlen.
Wie du siehst, hat er schon einige Zahlen gefressen.

- Welche Zahl muss der Drache noch fressen, damit die Summe der Zahlen im Bauch 9 999 ergibt?

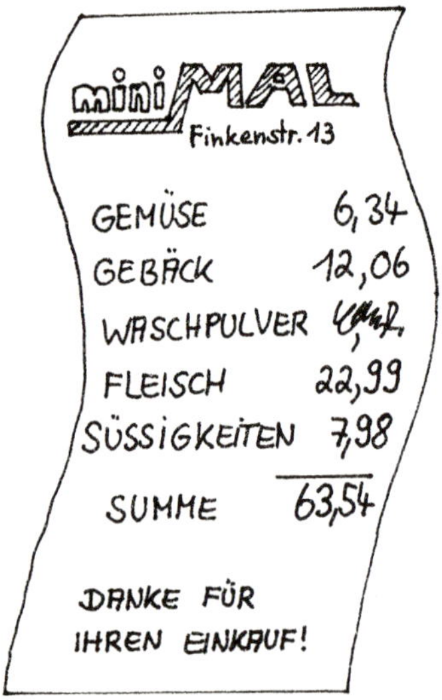


**12.** Frau Weiß hat für ihre Nachbarin Frau Braun Waschpulver gekauft. Jedoch hat sie den Preis dafür vergessen. Auf ihrem Einkaufszettel ist dummerweise genau dieser Betrag verwischt.

- Hast du eine Idee, wie Frau Weiß trotzdem herausbekommen kann, wie viel Geld die Nachbarin ihr schuldet?

**13.** Ich denke mir eine Zahl, zu der ich die Zahl 439 addiere. Als Wert der Summe erhalte ich die Zahl 740.

- Wie heißt meine gedachte Zahl?

**14.** Flori kauft beim Metzger für 43,66 € ein.
Beim Bäcker gibt er 12,45 € aus.
Flori hat einen 50-€-Schein und einen 10-€-Schein dabei.

- Kann sich Flori noch ein Buch für 4,10 € kaufen?

**15.** Berechne den Wert der Differenz aus den beiden Zahlen 15 074 und 9 079 und addiere anschließend die Zahl 5 995.

- Rechne mit Hilfe dieses Rechenbaumes!

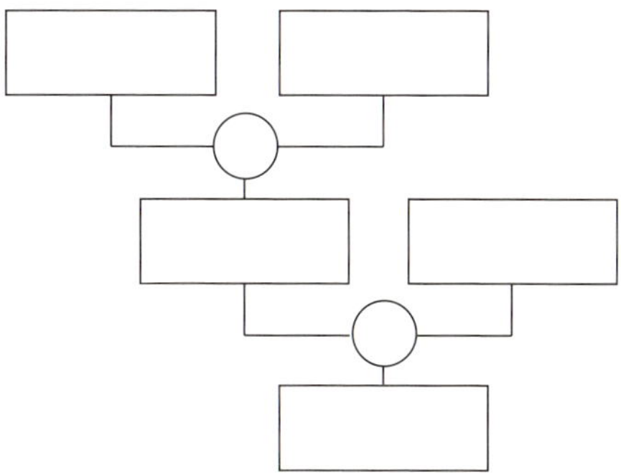

**16.** Die beiden Schwestern Nicole und Nadine verkaufen auf dem Flohmarkt ihre alten Spielsachen. Nicole hat Einnahmen im Gesamtwert von 23,65 €, und Nadine hat sogar für 28,25 € Spielsachen verkauft.

- Wie viel € (Cent) hat Nadine mehr eingenommen?
- Nadine möchte, dass ihre Schwester gleich viel Geld bekommt. Wie viel € (Cent) gibt sie ihr ab?

(**Tipp:** Rechne alles in Cent um!)

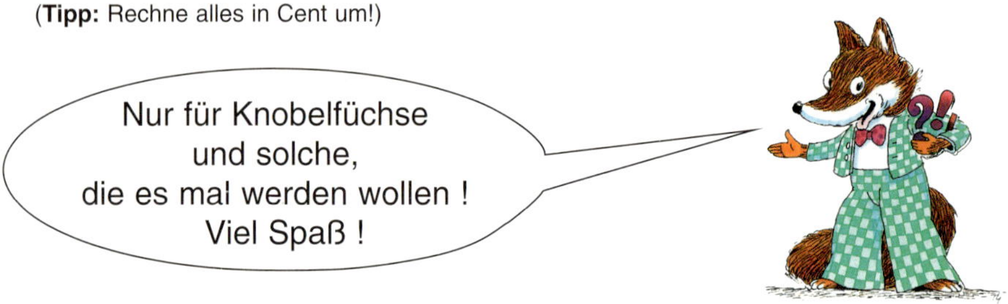


**17.** Mein Vater und meine Mutter sind zusammen 66 Jahre alt. Mein einjähriger Bruder ist 29 Jahre jünger als meine Mutter, die dreimal so alt ist wie ich.

- Wie alt ist jeder?
- Wie alt ist unsere Familie zusammen?

Dieses Mandala findest du auf der letzten Seite des Lösungsteils vor Aufgabe Nr. 51.

- Wenn du willst, kannst du es ausmalen.

(**Arbeite nicht länger als 30–40 Minuten** täglich. Lege **eine Pause von 5–10 Minuten** ein, wenn du schon früher müde oder unkonzentriert bist.)

**18.** Die Summe aus vier Zahlen ergibt 2000: Die erste Zahl ist doppelt so groß wie die dritte. Die zweite Zahl ist um 46 kleiner als die dritte. Die erste Zahl heißt 648.

- Berechne **alle unbekannten** Zahlen.

**19.** Melanie stellt fest: „Ich bin viel kleiner als Mutter und Vater, aber ich bin 16 cm größer als Veronika."

Vater behauptet stolz: „Ich bin der Größte der Familie! Ich bin 1,79 m groß."

Veronika sagt: „Ich bin 47 cm kleiner als Vater. Zusammen ist unsere Familie 6,34 m groß. Habt ihr eine Ahnung, wie groß Mutter ist?"

- Antworte auf Veronikas Frage und mache anschließend die Probe!

(**Tipp**: Rechne alles in cm um!)

**20.** Astrid und Sabine denken sich eine geheime Zahl. Zu dieser Geheimzahl addieren sie die Zahl 570 und subtrahieren anschließend die Differenz der beiden Zahlen 666 und 111. Als Ergebnis erhalten sie die Zahl 1015.

- Kannst du die gedachte Zahl herausfinden?
- Schreibe eine Gleichung und verwende dabei Klammern!

**21.** Wie viele Gänse gehen hier im Gänsemarsch spazieren? Drei Gänse gehen hinter zweien, eine geht vor vieren und eine geht vor und zugleich hinter zweien.

- Weißt du, wie das aussieht? Zeichne ein Bild!

## 22. Eine Knobelaufgabe!

Sophia sagt: „Ich habe genauso viele Schwestern wie Brüder.“
Wolfi, Sophias Bruder, sagt: „Hätte ich noch einen Bruder mehr, wären wir gleich viele Mädchen wie Jungen in der Familie. Hätte ich einen weniger, dann hätte ich keinen.“

- Wie viele Mädchen und Jungen gibt es in der Familie?

(**Tipp:** Beginne mit Wolfi; versuche eine Zeichnung!)

Hast du dieses Mandala schon ausgemalt? Wenn nicht, dann findest du es auf der letzten Seite des Lösungsteils vor Aufgabe 51.

(**Arbeite nicht länger als 30–40 Minuten** täglich. Lege **eine Pause von 5–10 Minuten** ein, wenn du schon früher müde oder unkonzentriert bist.)

## 23. Alex erzählt seinem Freund Jan: „In unserer Klasse spielen 7 Jungen Fußball und 5 Jungen Volleyball. Davon spielen 2 Jungen Fußball **und** Volleyball. 12 Kinder spielen weder Fußball noch Volleyball.“

- Wie viele Kinder sind in der Klasse?

(**Tipp**: Zeichne eine Skizze! Zeichne Fußbälle und Volleybälle auf und ordne sie den Jungen zu!)

**24.** Endlich ist es so weit – Niklas hat Geburtstag. Dieses Jahr wird er nicht wie immer zu Hause feiern – nein, er lädt seine Freunde zu Mc Dino's zum Essen ein.

Nach der gelungenen Feier will er seiner Mutter die Quittung zeigen, doch – oh je – diese ist zerrissen. Man kann nur noch lesen, was er und seine Freunde gegessen haben.

- Kannst du trotzdem den Gesamtbetrag herausfinden?

# 3. Kapitel: Multiplikation und Division

**25.** Mal aufgepasst!
Hier wird gezaubert:

- **Streiche** aus der Zahl 123456789 die Zahl **8** heraus und multipliziere die neue Zahl mit 8.
  Du erhältst ein tolles Ergebnis!

**26.** 55 Kinder wollen in ein Zeltlager fahren. Bis jetzt wurde für 34 Kinder ein Betrag von 4 216 € auf ein Konto überwiesen.

- Wie hoch sind die Kosten für **ein** Kind?
- Wie viel € sind auf dem Konto, wenn für **alle** Kinder das Geld eingezahlt wurde?

**27.** Bilde das Produkt aus den Zahlen 97 und 7 und multipliziere das Ergebnis mit der Zahl 8.

- Rechne mit Hilfe dieses Rechenbaumes!

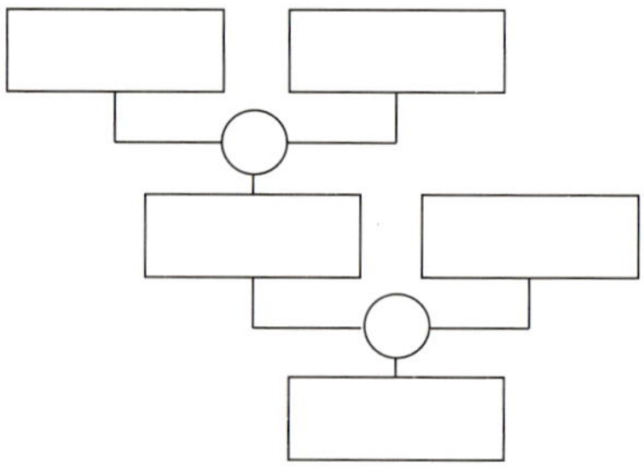

**28.** In einer Schokoladenfabrik werden 173 Kartons mit Nussschokoladentafeln gefüllt. In einem Karton haben 55 Tafeln Schokolade Platz. 12 Tafeln Schokolade passen beim Füllen zum Schluss nicht mehr in die Kartons und bleiben übrig.

- Wie viele Tafeln Schokolade sind insgesamt vorhanden?

**29.** Julia dividiert die Zahl 12 255 durch den Wert des Produkts aus den Zahlen 3 und 19.

- Wie lautet das Ergebnis?
- Rechne mit Hilfe dieses Rechenbaumes!

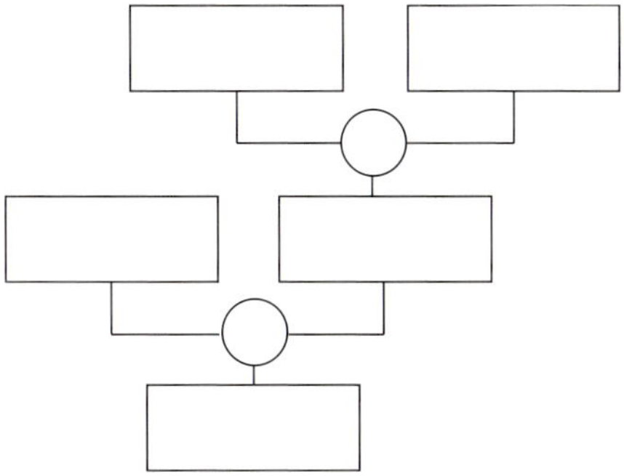

**30.** Danielas Vater gibt am Tag 3,75 € für Zigaretten aus. Daniela rechnet ihrem Vater vor, wie viel € er sparen könnte, wenn er das Rauchen aufgeben würde.

- Wie viel € würde er in 1 Jahr (365 Tage) sparen?
- Wie viel in 5 Jahren?
- Wie viel in 20 Jahren?

(**Tipp:** Wandle um in Cent!)

**31.** Herr Dobner kauft ein neues Auto für 24 000 €. Leider reicht das Geld nicht ganz, und deshalb vereinbart er mit dem Verkäufer folgende Zahlungsweise: Ein Viertel des Kaufpreises zahlt er sofort. Für sein altes Auto bekommt er noch 6 300 €. Der Rest wird in 36 gleichen Monatsraten bezahlt.

- Wie hoch ist eine Monatsrate?

**32.** Ein Lastwagenfahrer macht zuerst 8 Fahrten mit einer Ladung von je 74 Kisten. Später fährt er noch einige Male mit einem größeren Lastwagen, mit dem er pro Fahrt 101 Kisten transportiert. Insgesamt hat der Fahrer 2 208 Kisten transportiert.

- Wie oft ist der Fahrer mit dem größeren Lastwagen gefahren?

**33.** Herr Mäuser verdient pro Monat 3 492 €. Seine Frau, die weniger arbeitet, verdient ein Drittel davon. Das Ehepaar Kater hat ein gemeinsames Jahreseinkommen von 54 780 €.

- Wie viel verdient Frau Mäuser in einem Monat?
- Wie viel verdienen Herr und Frau Mäuser gemeinsam in einem Monat?
- Welches Ehepaar hat das höhere Jahreseinkommen?

**34.** Fünf Angestellte einer Firma bekommen insgesamt 7 920 € ausbezahlt. Frau Muschler erhält den sechsten Teil des Gesamtbetrages, Herr Ulrich bekommt doppelt so viel wie Frau Muschler, Frau Becker hat den fünften Teil des Gesamtbetrages verdient und Frau Stark genau die Hälfte von Frau Becker. Herr Liebig erhält den Rest.

- Wie hoch sind die einzelnen Gehälter?

**35.**

Eine unbekannte Zahl wird durch die Zahl 433 dividiert. Das Ergebnis wird mit dem Wert des Quotienten der Zahlen 375 und 75 multipliziert. Das Endergebnis beträgt dann 40.

- Wie heißt die unbekannte Zahl?

(**Tipp:** Zeichne einen Rechenbaum und löse dann die Aufgabe!)

**36.** Ein Sportverein, in dem doppelt so viele Jungen wie Mädchen sind, macht einen Ausflug. Von jedem Kind werden 16 € für Fahrtkosten eingesammelt.

- Wie viele Kinder hat der Sportverein, wenn die gesamten Fahrtkosten 1 008 € betragen?
- Wie viele Jungen und Mädchen hat der Sportverein als Mitglieder?

# 4. Kapitel: Die Verbindung der vier Grundrechenarten

**37.**

Fangen wir mal langsam an!
Zu Beginn **drei Aufwärmübungen**, bei denen du den Wert der folgenden Rechenausdrücke (Terme) berechnen sollst.

(Zuerst rechnen, was in Klammern steht)
↓
Dann die Punktrechnungen
↓
Zum Schluss die Strich-Rechnungen

a) (10 – 4) : 2 + 3 · 6 =

b) 80 – (50 – 35) + 20 · 3 =

c) (219 + 429) : (843 – 789) =

**38.** Berechne den Wert dieser Rechenausdrücke (Terme)!

a) 20 – (8 + 3 · 5 – 17) : 2 =
b) (853 – 43) · (765 : 51) + 350 =

**39.** Bei den folgenden Aufgaben fehlen die Klammern. Setze diese richtig ein!

a) 3 · 7 – 2 + 5 = 20
b) 15 + 9 : 3 + 2 = 10

**40.** Die Klasse 5b unternimmt einen Ausflug in den Tierpark.
Der Lehrer, Herr Holzapfel, sammelt von jedem seiner 29 Schüler den Fahrpreis von 6 €, den Eintritt von 4 € und das Geld für die Tierfütterung ein.
Herr Holzapfel hat dann 348 € in seinem Geldbeutel.

- Wie viel Geld hat jeder Schüler für die Tierfütterung gezahlt?

**41.** Herr Leckermaul kauft 26 Tafeln Schokolade. Er gibt der Kassiererin einen 50-€-Schein und erhält einen 20-€-Schein, einen 10-€-Schein, zwei Zehncentstücke und vier einzelne Cent zurück.

- Wie viel € hat Herr Leckermaul für eine Tafel Schokolade bezahlt? (**Tipp:** Wandle um in Cent!)

**42.**

Welche Zahl
kann man 34-mal
von 16 388 subtrahieren,
ohne dass ein Rest
bleibt?

**43.** In einer 5. Klasse wird für „Kinder in Not" Geld gesammelt. Die Klassenspende setzt sich zusammen aus:
72 Zehncentstücken, 26 Eurostücken, 20 Fünfzigcentstücken, 18 Zweieurostücken, einem Zwanzigeuroschein und vier Zehneuroscheinen.

- Wie viel Geld ist in der Kasse?
- Wie viel € hat **ein** Kind im Durchschnitt gespendet, wenn in der Klasse 24 Kinder sind?

**44.** Bevor du die nächsten Aufgaben rechnen kannst, musst du zuerst die folgenden Begriffe gut verstanden haben.

| | Beispiele |
|---|---|
| **addieren**<br>= dazuzählen | 2 + 3 |
| **subtrahieren**<br>= abziehen | 8 – 5 |
| **multiplizieren**<br>= malnehmen | 4 · 5 |
| **dividieren**<br>= teilen | 12 : 3 |

| | Beispiele |
|---|---|
| **Summe**<br>= Plusaufgabe | Wert der Summe<br>385 + 205 = 590 |
| **Differenz**<br>= Minusaufgabe | Wert der Differenz<br>480 – 210 = 270 |
| **Produkt**<br>= Malaufgabe | Wert des Produkts<br>40 · 5 = 200 |
| **Quotient**<br>= Geteiltaufgabe | Wert des Quotienten<br>360 : 9 = 40 |

Dividiere
die Zahl 44 204 durch
die Differenz aus den Zahlen
1 169 und 1 126.

- Rechne mit Hilfe
dieses Rechenbaumes!

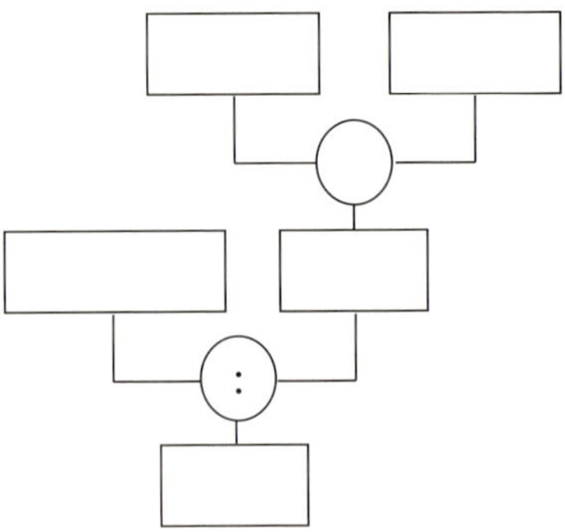

**45.** Melanie subtrahiert vom Wert des Produkts aus den Zahlen 426 und 17 den Wert der Differenz aus den Zahlen 7 432 und 7 344. Welche Zahl erhält sie?

**46.** Multipliziere den Wert des Quotienten aus den Zahlen 3 552 und 96 mit dem Wert der Summe aus den Zahlen 298 und 188.

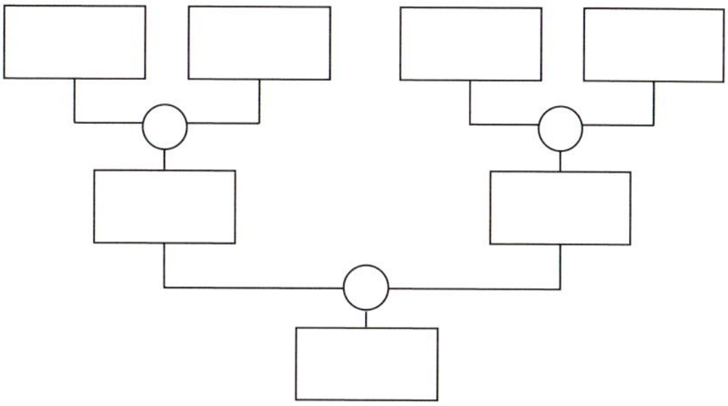

**47.** Sandra denkt sich eine Zahl und multipliziert diese mit dem Wert des Quotienten aus den Zahlen 4 080 und 85.

- Welche Zahl hat sich Sandra gedacht, wenn das Ergebnis ihrer Rechnung 2 736 beträgt?

(**Tipp:** Zeichne einen Rechenbaum!)

**48.** Hier siehst du einen Rechenbaum.

- Formuliere **du** jetzt zu diesem Rechenbaum eine Textaufgabe und berechne anschließend das Ergebnis!

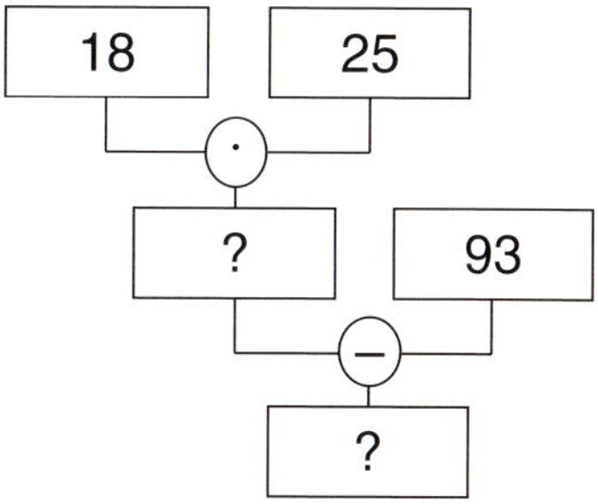

**49.** Eine fünfköpfige Familie bekommt zusammen ein Geldgeschenk von 1 830 €. Vater und Mutter geben den dritten Teil des Betrags an „Aktion Mensch". Von einem Teil des restlichen Geldes kauft sich die Familie 5 Paar Inliner zu je 109 €.

- Wie viel € bekommt jedes Familienmitglied, wenn der Rest des Geldes gleichmäßig aufgeteilt werden soll?

**50.** In einem Süßwarengeschäft kosten 100 g Lakritze 0,70 € und 100 g Gummibärchen 0,80 €. Julia verlangt von beiden Süßigkeiten jeweils 150 g. Sie hat 3 € in ihrem Geldbeutel.

- Wie viel € muss sie bezahlen?
- Kann sich Julia noch einen Lutscher für 0,40 € kaufen?

(**Tipp:** Wandle um in Cent!)

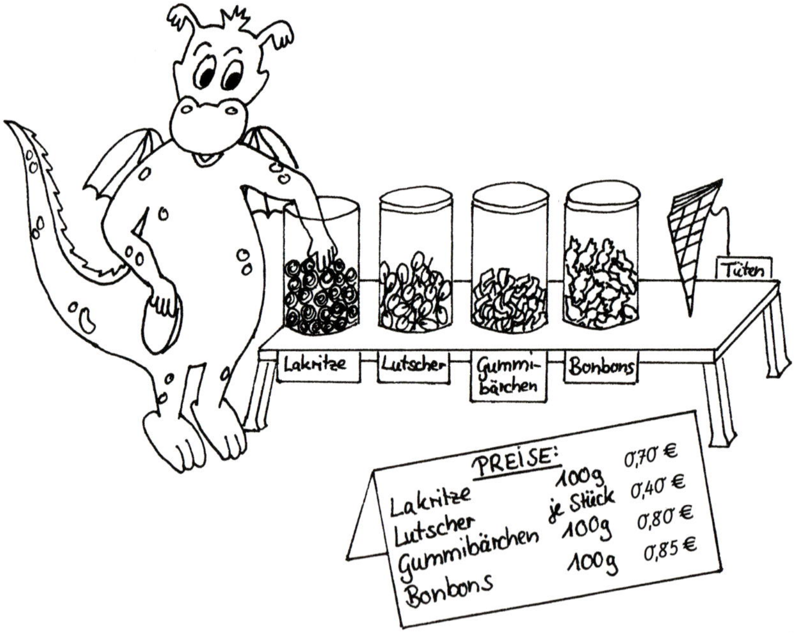


(Auch dieses Bild kannst du farbig ausmalen!)

# Lösungen zu 55 mit Rechenwegen

Textaufgaben 5. Klasse

**1.**

| | | | | | |
|---|---|---|---|---|---|
| | | | | 7 | 2 |
| | | | 3 | 0 | 8 |
| | | 4 | 8 | 9 | 7 |
| | 1 | 3 | 0 | 4 | 8 |
| | 2 | 4 | 0 | 0 | 1 |
| | 2 | 7 | 8 | 0 | 5 |
| | 6 | 3 | 0 | 0 | 9 |
| 6 | 3 | 0 | 0 | 9 | 0 |

**2.**

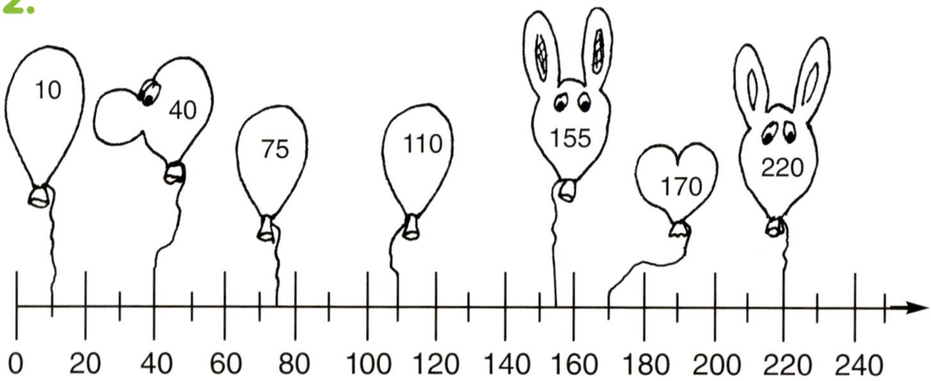


**3.** a) Telefonnummern können (dürfen) **nicht** gerundet werden!

b) 100 g Aufschnitt kosten beim Metzger gerundet **1,50 €**.

c) 12 973 Fußballfans sind gerundet **13 000** Fußballfans.

d) Kontonummern können (dürfen) **nicht** gerundet werden!

e) Der Preis von 996 € für den Schrank ist gerundet **1 000 €**.

f) Opa wird heute 63 Jahre alt. (Darf **nicht** gerundet werden!)

**4.**

| Vorgänger | | Nachfolger |
|---:|---:|---:|
| 54 | 55 | 56 |
| 485 | 486 | 487 |
| 2 998 | 2 999 | 3 000 |
| 707 998 | 707 999 | 708 000 |
| 9 339 | 9 340 | 9 341 |
| 101 098 | 101 099 | 101 100 |
| 17 499 | 17 500 | 17 501 |
| 9 979 | 9 980 | 9 981 |
| 54 811 | 54 812 | 54 813 |
| 84 800 | 84 801 | 84 802 |

---

**5.**

| | | | | |
|---|---:|---:|---:|---:|
| **Nachfolger:** | 10 | 100 | 10 000 | 1 000 000 |
| **Vorgänger:** | 99 | 999 | 1 000 | 9 999 |

---

**6.** **V (3):** 3, 6, 9, 12, 15, 18, 21, 24, 27, 30, 33, 36, 39, 42, 45, 48

**V (5):** 5, 10, 15, 20, 25, 30, 35, 40, 45, 50

**V (3)** und **V (5) = V (15) :** 15, 30, 45

---

**7.** **T (24):** 24, 12, 8, 6, 4, 3, 2, 1

**T (60):** 60, 30, 20, 15, 12, 10, 6, 5, 4, 3, 2, 1

---

**8.** **V (7):** 7, 14, 21, 28, 35, 42, 49, 56, 63, 70

**V (12):** 12, 24, 36, 48, 60, 72, 84, 96, 108, 120

**V (16):** 16, 32, 48, 64, 80, 96, 112, 128, 144, 160

**T (20):** 20, 10, 5, 4, 2, 1

**T (36):** 36, 18, 12, 9, 6, 4, 3, 2, 1

**T (80):** 80, 40, 20, 16, 10, 8, 5, 4, 2, 1

---

## 9.

Beispiel:

Zahlenhaus

| Billionen | | | Milliarden | | | Millionen | | | Tausender | | | Hunderter | Zehner | Einer |
|---|---|---|---|---|---|---|---|---|---|---|---|---|---|---|
| 7 | 0 | 5 | 0 | 2 | 4 | 0 | 1 | 8 | 6 | 8 | 0 | 5 | 0 | 0 |
| 3 | 2 | 7 | 8 | 0 | 4 | 2 | 1 | 1 | 4 | 9 | 3 | 8 | 7 | 9 |
| | 9 | 4 | 0 | 0 | 0 | 0 | 7 | 7 | 8 | 0 | 0 | 7 | 0 | 6 |
| 1 | 0 | 3 | 8 | 9 | 9 | 0 | 0 | 0 | 4 | 0 | 5 | 6 | 7 | 6 |

## 10.

85 · 85 → 80 · 90 → 7200
+ 25
**7225**

95 · 95 → 90 · 100 → 9000
+ 25
**9025**

55 · 55 → 50 · 60 → 3000
+ 25
**3025**

## 11.

4831
971
2472
74
+ 316
**8664**

9999
− 8664
**1335** (Diese Zahl muss der Drache noch fressen.)

## 12.

6,34 €
12,06 €
22,99 €
+ 7,98 €
**49,37 €**

63,54 € (Rechnungsbetrag)
− 49,37 € (Ausgaben ohne Waschpulver)
**14,17 €** (Waschpulver)

Die Nachbarin schuldet Frau Weiß noch **14,17 €**.

## 13.

740
− 439
**301** heißt meine gedachte Zahl.

**14.** 43,66 € (Metzger)
+12,45 € (Bäcker)
**56,11 €** (Ausgaben)

50 €
+10 €
**60 €** (damit bezahlt Flori)

60,00 €
−56,11 €
**3,89 €** (Restgeld) < 4,10 € (Buch)

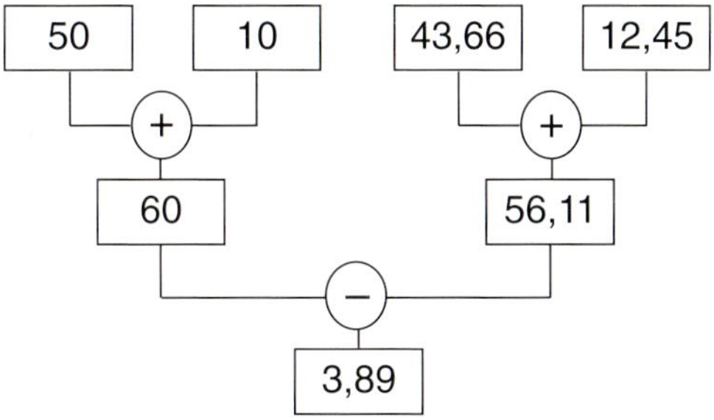


Flori kann sich leider **kein** Buch mehr für 4,10 € kaufen.

---

**15.**

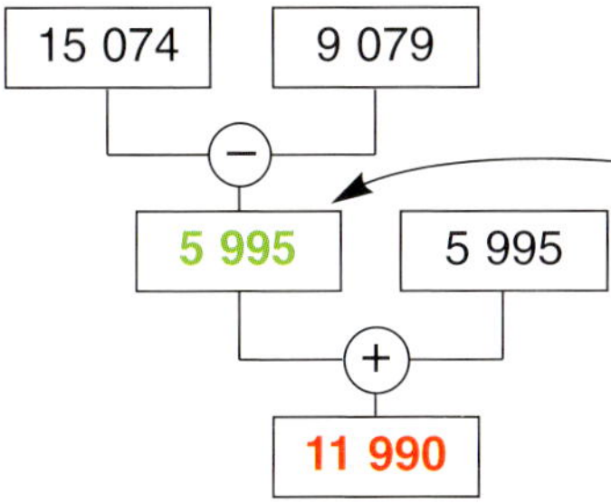


15 074
− 9 079
**5 995**
(Wert der Differenz)

5 995
+ 5 995
**11 990**

---

**16.** 28,25 €
−23,65 €
**4,60 €** (hat Nadine mehr eingenommen)

4,60 € : 2 = **2,30 €** (gibt Nadine ihrer Schwester ab)

**oder:**

23,65 € (Einnahmen von Nicole)
+28,25 € (Einnahmen von Nadine)
**51,90 €** (Gesamteinnahmen)
= 5190 Cent

5190 Cent : 2 = 2595 Cent
= **25,95 €**
(bekommt jedes Mädchen)

28,25 €
−25,95 €
**2,30 €** (gibt Nadine ihrer Schwester ab)

---

**17.** Der einjährige Bruder ist **29 Jahre jünger als die Mutter**:
1 Jahr + 29 Jahre = **30 Jahre** ist Mutter.
Mein Bruder ist **1 Jahr** alt.

Vater und Mutter sind **zusammen 66 Jahre** alt:
66 Jahre (zusammen) – 30 Jahre (Mutter) = **36 Jahre** ist Vater.

Mutter ist **dreimal so alt wie ich**:
30 Jahre (Mutter) : 3 = **10 Jahre** bin ich.

1 Jahr (Bruder) + 30 Jahre (Mutter) + 36 Jahre (Vater) + 10 Jahre (Schwester) = **77 Jahre**

Unsere Familie ist zusammen **77 Jahre** alt.

---

**18.** 1. Zahl + 2. Zahl + 3. Zahl + 4. Zahl = 2 000 (Wert der Summe)

Die 1. Zahl ist doppelt so groß wie die 3. Zahl:
648 (1. Zahl) : 2 = **324** (3. Zahl)

Die 2. Zahl ist um 46 kleiner als die 3. Zahl:
324 (3. Zahl) – 46 = **278** (2. Zahl)

| | |
|---|---|
| 648 | (1. Zahl) |
| 278 | (2. Zahl) |
| +324 | (3. Zahl) |
| **1250** | (die ersten 3 Zahlen zusammen) |

| | |
|---|---|
| 2000 | |
| –1250 | |
| **750** | (4. Zahl) |

**oder:**

$$(648 + 278 + 324) + x = 2000$$
$$1250 + x = 2000$$
$$x = 2000 - 1250$$
$$x = 750$$

---

**19.** **Vater**: 1,79 m (179 cm)
**Veronika**: 47 cm kleiner als Vater; **Melanie**: 16 cm größer als Veronika

$$\begin{array}{r l} 179\text{ cm} & \text{(Vater)} \\ -\ 47\text{ cm} & \\ \hline 132\text{ cm} & = \mathbf{1{,}32\ m} \end{array} \qquad \begin{array}{r l} 132\text{ cm} & \\ +\ 16\text{ cm} & \\ \hline 148\text{ cm} & = \mathbf{1{,}48\ m} \end{array}$$

Zusammen ist die Familie 6,34 m (634 cm) groß.

$$\begin{array}{r l} 179\text{ cm} & \text{(Vater)} \\ 132\text{ cm} & \text{(Veronika)} \\ +148\text{ cm} & \text{(Melanie)} \\ \hline \mathbf{459\ cm} & \end{array} \qquad \begin{array}{r l} 634\text{ cm} & \text{(Gesamtgröße)} \\ -\ 459\text{ cm} & \\ \hline \mathbf{175\ cm} & \text{(Mutter)} \\ = \mathbf{1{,}75\ m} & \end{array}$$

**Probe:**

$$\begin{array}{r} 1{,}79\text{ m} \\ 1{,}32\text{ m} \\ 1{,}48\text{ m} \\ +1{,}75\text{ m} \\ \hline 6{,}34\text{ m} \end{array}$$

Die Mutter ist **1,75 m** groß.

---

**20.** x ist die geheime, gedachte Zahl.

$$x + 570 - (666 - 111) = 1\,015$$
$$x + 570 - 555 = 1\,015$$
$$x + 15 = 1\,015$$
$$x = 1\,015 - 15$$

$x = \mathbf{1\,000}$ haben sich Astrid und Sabine gedacht.

---

**21.** ● ● ● ○ ○ Drei Gänse gehen hinter zweien!

○ ○ ○ ○ ● Eine Gans geht vor vieren!

○ ○ ● ○ ○ Eine Gans geht vor und zugleich hinter zweien!

Hier gehen **5 Gänse** im Gänsemarsch spazieren!

**22.**

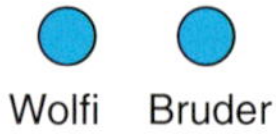


Es sind **2 Jungen.**

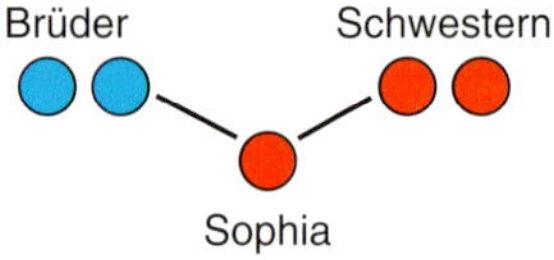


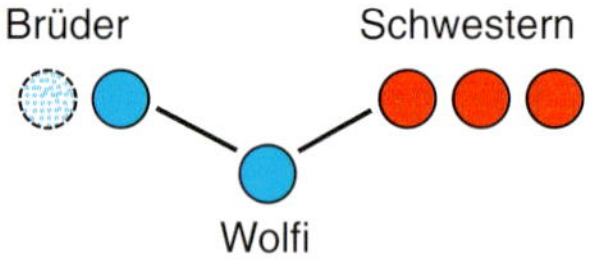


In der Familie gibt es **drei Mädchen** und **zwei Jungen**, also fünf Kinder.

---

**23.** Du siehst hier mehr Bälle als Jungen, weil **zwei** Jungen jeweils Fußball **und** Volleyball spielen.

3 Jungen spielen **nur** Volleyball

2 Jungen spielen Fußball **und** Volleyball

5 Jungen spielen **nur** Fußball

| | | |
|---|---|---|
| | 3 | (Jungen spielen **nur** Volleyball) |
| | 5 | (Jungen spielen **nur** Fußball) |
| + | 2 | (Jungen spielen Volleyball **und** Fußball) |
| | 10 | (Jungen spielen Ball) |

| | | |
|---|---|---|
| | 10 | (Jungen spielen Ball) |
| + | 12 | (Kinder, die nicht spielen) |
| | **22 Kinder** | sind in der Klasse. |

**24.**

---

**25.** 1234567~~8~~9 → 12345679 · 8

= **98765432**

---

**26.** 4216 € : 34 = **124 €** sind die Kosten für 1 Kind.

−34
81
−68
136
−136
0

124 € · 55
620
620
**6820 €** werden auf dem Konto sein, wenn für alle 55 Kinder bezahlt wurde.

---

**27.**

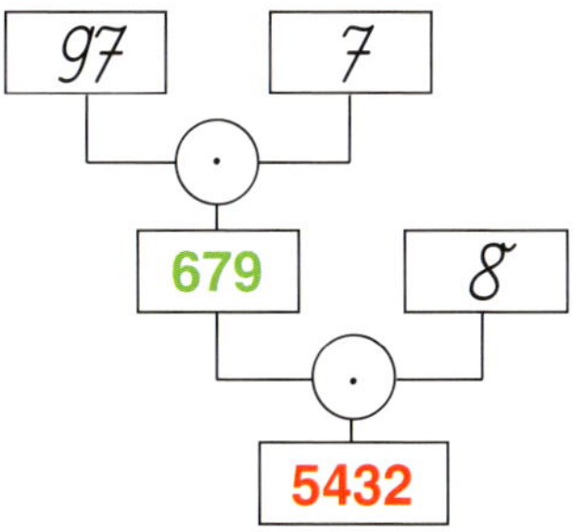


97 · 7
**679**
(Wert des Produkts)

679 · 8
**5432**

---

**28.** 173 (Kartons) · 55 (Tafeln, die **in einem** Karton sind)

```
173 · 55
     865
      865
    9515
```

**9515** (Tafeln, die **in 173** Kartons sind)

12 Tafeln bleiben übrig!

| | | |
|---|---|---|
| 9515 | Tafeln | (in den Kartons) |
| + 12 | Tafeln | (sind übrig) |
| **9527** | Tafeln | (sind insgesamt vorhanden) |

Es sind insgesamt **9 527** Tafeln Schokolade vorhanden.

---

**29.**

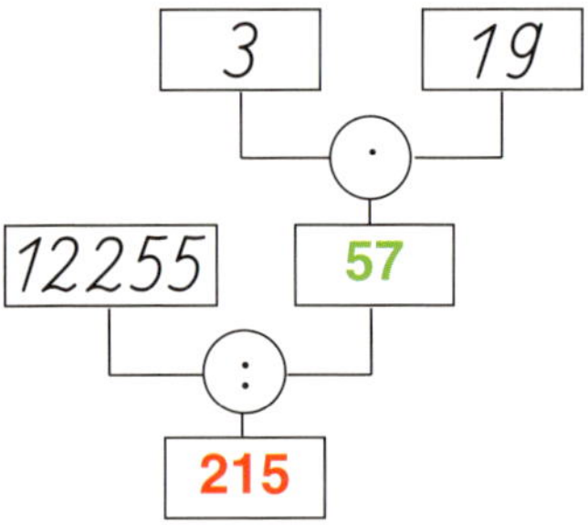


3 · 19 = **57** (Wert des Produkts)

12255 : 57 = **215**

```
12255 : 57 = 215
−114
   85
  −57
   285
  −285
     0
```

---

**30.** pro Tag : 3,75 € = 375 Cent

```
375 Cent · 365
      1125
       2250
        1875
    136875 Cent = 1 368,75 €
```

136875 Cent = **1 368,75 €**

gibt der Vater von Daniela **im Jahr** für Zigaretten aus.

136875 Cent · 5

= 684375 Cent = **6 843,75 €**

könnte der Vater **in 5 Jahren** sparen, wenn er das Rauchen aufgeben würde.

136875 Cent · 20

= 2737500 Cent = **27 375 €**

könnte der Vater von Daniela **in 20 Jahren** sparen, wenn er das Rauchen aufgeben würde.

**31.** 24 000 € : 4 = **6000 €** (zahlt er sofort an)

```
  24000 € (Kaufpreis)
–  6000 € (Anzahlung)
  18000 €
–  6300 € (bekommt er für sein altes Auto)
  11700 € (muss er noch zahlen)
```

```
11700 € : 36 = 325 € ist eine Monatsrate.
–108
   90
  –72
   180
  –180
     0
```

---

**32.** 74 Kisten · 8 = **592** Kisten (werden **zuerst** transportiert)

```
  2208 Kisten (werden insgesamt transportiert)
–  592 Kisten (werden zuerst transportiert)
  1616 Kisten (werden später transportiert)
```

101 Kisten pro Fahrt werden **später** mit dem größeren Lkw transportiert!

```
1616 : 101 = 16-mal ist der Fahrer später mit dem größeren Lkw gefahren.
–101
  606
 –606
    0
```

---

**33.** 3492 € : 3 = **1164 €** verdient **Frau Mäuser** in **einem Monat**.

```
3492 € : 3 = 1164 €
–3
 04
– 3
  19
 –18
   12
  –12
    0
```

```
  3492 €
+ 1164 €
  4656 € verdient das Ehepaar Mäuser in einem Monat.
```

```
4656 € · 12 (Monate)
     4656
      9312
    55872 € (verdient das Ehepaar Mäuser in einem Jahr)
```

**oder:**

$$\begin{array}{r} 3492\,€ \cdot 12 \\ \hline 3492 \\ 6984 \\ \hline \mathbf{41904\,€} \end{array}$$

(Einkommen von **Herrn** Mäuser in **einem Jahr**)

$$\begin{array}{r} 1164\,€ \cdot 12 \\ \hline 1164 \\ 2328 \\ \hline \mathbf{13968\,€} \end{array}$$

(Einkommen von **Frau** Mäuser in **einem Jahr**)

$$\begin{array}{r} 41904\,€ \\ +13968\,€ \\ \hline \mathbf{55872\,€} \end{array}$$

(**Jahreseinkommen** von **Ehepaar Mäuser**)

---

54780 € < **55872 €**

Das Ehepaar **Kater** verdient weniger.

**Das Ehepaar Mäuser** hat das höhere Jahreseinkommen.

---

**34.** 7920 € : 6 = **1320 €** erhält Frau **Muschler**.

$$\begin{array}{r} 7920 \\ -6\phantom{000} \\ \hline 19\phantom{00} \\ -18\phantom{00} \\ \hline 12\phantom{0} \\ -12\phantom{0} \\ \hline 0 \end{array}$$

$$\begin{array}{r} 1320 \cdot 2 \\ \hline 2640 \end{array}$$

Herr **Ulrich** bekommt **2640 €**.

7920 € : 5 = **1584 €** verdient Frau **Becker**.

$$\begin{array}{r} 7920 \\ -5\phantom{000} \\ \hline 29\phantom{00} \\ -25\phantom{00} \\ \hline 42\phantom{0} \\ -40\phantom{0} \\ \hline 20 \\ -20 \\ \hline 0 \end{array}$$

1584 € : 2 = **792 €** verdient Frau **Stark**.

$$\begin{array}{r} 1584 \\ -14\phantom{00} \\ \hline 18\phantom{0} \\ -18\phantom{0} \\ \hline 04 \\ -4 \\ \hline 0 \end{array}$$

$$\begin{array}{rl} 1320\,€ & \text{(Muschler)} \\ 2640\,€ & \text{(Ulrich)} \\ 1584\,€ & \text{(Becker)} \\ +\ 792\,€ & \text{(Stark)} \\ \hline 6336\,€ & \end{array}$$

$$\begin{array}{r} 7920\,€ \\ -6336\,€ \\ \hline \mathbf{1584\,€} \end{array}$$

**1584 €** erhält Herr **Liebig**.

**35.**

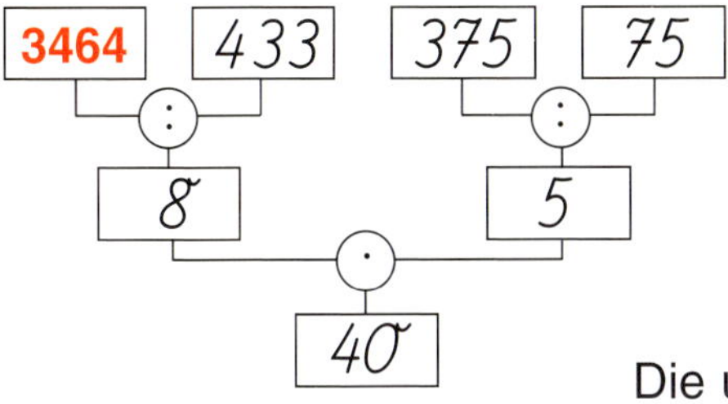


375 : 75 = **5** (Wert des Quotienten)

40 : 5 = **8**

$$\begin{array}{r} 433 \cdot 8 \\ \hline 3464 \end{array}$$

Die unbekannte Zahl heißt **3 464**.

---

**36.** 1008 € : 16 € = **63** Kinder hat der Sportverein.

$$\begin{array}{r} 1008 \\ -\underline{96} \\ 48 \\ -\underline{48} \\ 0 \end{array}$$

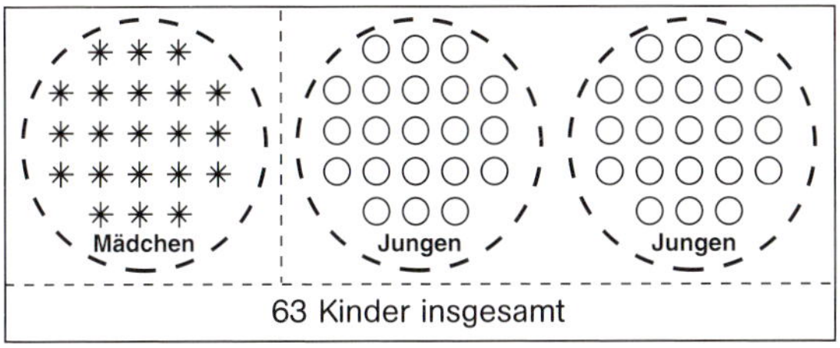


63 : 3 = **21** (Mädchen)
21 · 2 = **42** (Jungen)

Der Sportverein hat **21 Mädchen** und **42 Jungen** als Mitglieder.

---

**37.**

> Die Klammer sagt: **„Zuerst komm' ich."**
> Denk stets daran: **„Punkt vor Strich!"**
> Und was noch nicht zum Rechnen dran, das schreib' ich **unverändert** an.

a) (10 – 4) : 2 + 3 · 6 =
6 : 2 + 18 =
3 + 18 = **21**

---

b) 80 – (50 – 35) + 20 · 3 =
80 – 15 + 60 =
65 + 60 = **125**

---

c) (219 + 429) : (843 – 789) =
648 : 54 = **12**

648 : 54 = 12
–54
108
–108
0

219
+429
648

843
–789
54

## 38.

a) 20 – (8 + 3 · 5 – 17) : 2 =
20 – (8 + 15 – 17) : 2 =
20 – 6 : 2 =
20 – 3 = **17**

b) (853 – 43) · (765 : 51) + 350 =
810 · 15 + 350 =
12150 + 350 = **12500**

810 · 15
810
4050
12150

## 39.

a) 3 · (7 – 2) + 5 = 20
3 · 5 + 5 = 20
15 + 5 = 20

b) (15 + 9) : 3 + 2 = 10
24 : 3 + 2 = 10
8 + 2 = 10

## 40.

6 € · 29
12
54
174 €

4 € · 29
8
36
116 €

174 €
+116 €
**290 €**
(für Fahrt und Eintritt)

348 €
–290 €
**58 €**
(für Tierfütterung)

5800 Cent : 29 = 200 Cent = **2 €**
–58
0

58 € = 5800 Cent

Jeder Schüler hat **2 €** für die Tierfütterung bezahlt.

## 41.

20,00 €
10,00 €
0,20 €
+ 0,04 €
**30,24 €**
(Rückgeld)

50,00 €
− 30,24 €
**19,76 €** (kosten 26 Tafeln Schokolade)

1976 Cent : 26 = 76 Cent
−182
156
−156
0

Herr Leckermaul hat für 1 Tafel Schokolade **0,76 €** bezahlt.

---

## 42.

16388 : 34 = **482**
−136
278
−272
68
−68
0

Die Zahl **482** kann man 34-mal von 16 388 subtrahieren, ohne dass ein Rest bleibt.

---

## 43.

| | | | |
|---|---|---|---|
| 72 · 10 Cent = | 720 Cent | = | 7,20 € |
| | 26 · 1 € | = | 26,00 € |
| 20 · 50 Cent = | 1000 Cent | = | 10,00 € |
| | 18 · 2 € | = | 36,00 € |
| | 1 · 20 € | = | 20,00 € |
| | + 4 · 10 € | = | 40,00 € |

In der Kasse sind: **139,20 €** = 13 920 Cent

13920 Cent : 24 = 580 Cent = **5,80 €**

Im Durchschnitt hat ein Kind **5,80 €** gespendet.

---

**44.**

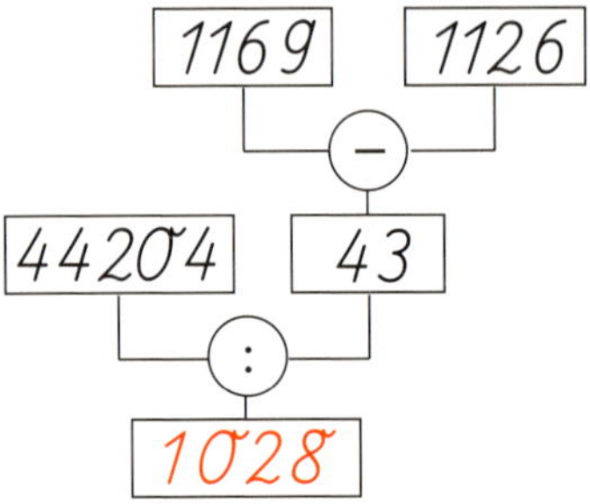


1169 – 1126 = 43

44204 : 43 = **1028**
−43
120
−86
344
−344
0

**45.**

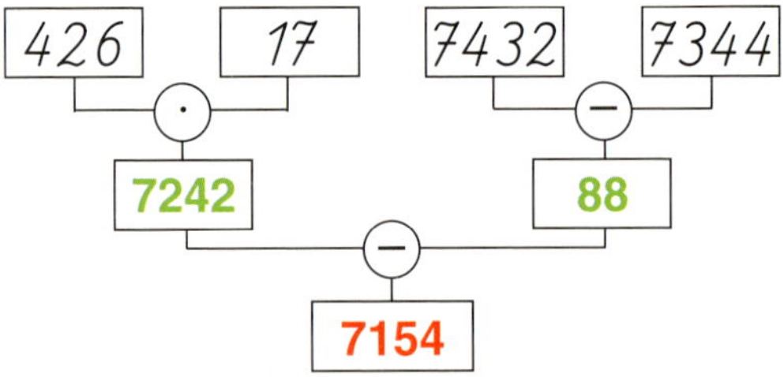


426 · 17
426
2982
**7242** (Wert des Produkts)

7432
−7344
**88** (Wert der Differenz)

7242
− 88
**7154**

(subtrahieren)

**oder:** 426 · 17 – (7432 – 7344) =
(Wert des Produkts) (Wert der Differenz)
**7242** – **88** = **7154**

**46.**

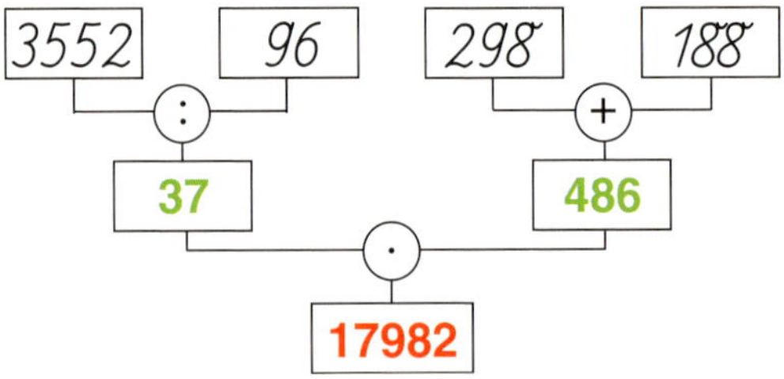


3552 : 96 = **37** (Wert des Quotienten)
−288
672
−672
0

298
+188
**486** (Wert der Summe)

37 · 486
148
296
222
**17982**

## 47.

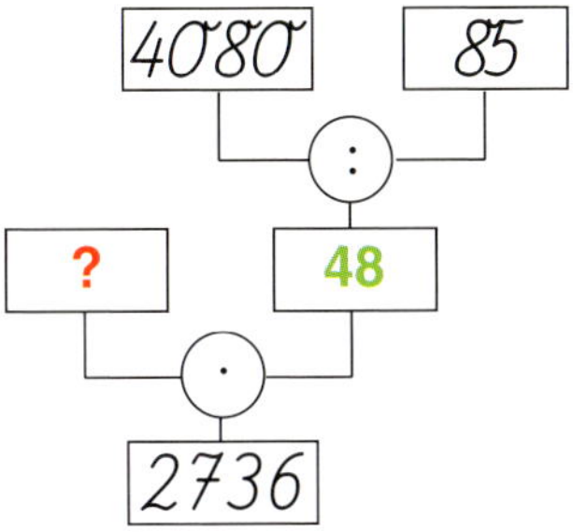


4080 : 85 = **48** (Wert des Quotienten)
−340
 680
−680
   0

2736 : 48 = **57**
−240
 336
−336
   0

Sandra hat sich die Zahl **57** gedacht.

---

## 48.

Multipliziere die Zahlen
18 und 25 und subtrahiere anschlie-
ßend vom Ergebnis die Zahl 93.
oder :
Bilde den Wert des Produkts aus den
Zahlen 18 und 25 und subtrahiere
anschließend vom Ergebnis die Zahl 93.
oder:
Subtrahiere die Zahl 93 vom
Wert des Produkts der
Zahlen 18 und 25.

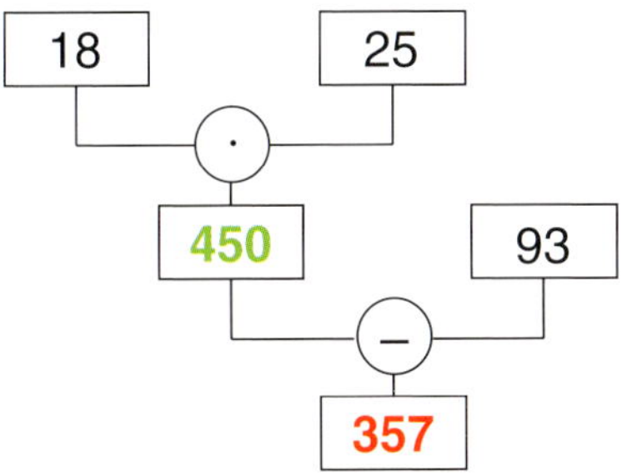


18 · 25
 36
  90
 **450**

  450
−  93
 **357**

**49.**

$$\begin{array}{r} 1830\,€ : 3 = \mathbf{610\,€} \\ -18\phantom{0\,€ : 3 = 610\,€} \\ \hline 30\phantom{\,€ : 3 = 610\,€} \\ -30\phantom{\,€ : 3 = 610\,€} \\ \hline 0\phantom{\,€ : 3 = 610\,€} \end{array}$$

(für „Aktion Mensch“)

$$\begin{array}{r} 1830\,€ \\ -\ 610\,€ \\ \hline \mathbf{1220\,€} \end{array}$$

(restliches Geld für Inliner)

$$\begin{array}{r} 109\,€ \cdot 5 \\ \hline \mathbf{545\,€} \end{array}$$

(Preis für 5 Paar Inliner)

$$\begin{array}{r} 1220\,€ \\ -\ 545\,€ \\ \hline \mathbf{675\,€} \end{array}$$

(Rest des Geldes, das gleichmäßig verteilt werden soll)

675 € : 5 = **135 €**

**135 €** bekommt noch jedes Familienmitglied.

---

**50.**

100 g Lakritze kosten 0,70 € (70 Cent)
50 g Lakritze kosten 0,35 € (35 Cent)
150 g Lakritze kosten dann 3-mal so viel 3 · 35 Cent = 105 Cent = **1,05 €**

100 g Gummibärchen kosten 0,80 € (80 Cent)
50 g Gummibärchen kosten halb so viel 80 Cent : 2 = 40 Cent
150 g Gummibärchen kosten dann 80 Cent + 40 Cent = 120 Cent = **1,20 €**

1,05 € + 1,20 € = 2,25 € Julia muss **2,25 €** bezahlen.

$$\begin{array}{r} 300\ \text{Cent} \\ -\ 225\ \text{Cent} \\ \hline 75\ \text{Cent} \end{array} > 0{,}40\ €$$

**Ja!** Julia **kann** sich noch einen Lutscher **kaufen**.

**51.**

$$\begin{array}{r l} 77{,}54\ € & \text{(hatte Andi \textbf{nach} dem Flohmarkt)} \\ -19{,}64\ € & \text{(hatte Andi \textbf{vor} dem Flohmarkt)} \\ \hline 57{,}90\ € & \text{waren Andis Einnahmen.} \end{array}$$

250 Cent · 7
1750 Cent
= 17,50 €
(bekommt er für die CDs)

80 Cent · 13
80
240
1040 Cent = 10,40 €
(bekommt er für die Zeitschriften)

$$\begin{array}{r l} 12{,}00\ € & \text{(für Eisenbahn)} \\ 17{,}50\ € & \text{(für CDs)} \\ +10{,}40\ € & \text{(für die Zeitschriften)} \\ \hline 39{,}90\ € & \end{array}$$

$$\begin{array}{r} 57{,}90\ € \\ -39{,}90\ € \\ \hline 18{,}00\ € \end{array}$$

(bekommt er für die Schlümpfe)

18 € = 1800 Cent

1800 Cent : 24 = 75 Cent = 0,75 € hat Andi für einen Schlumpf verlangt.
−168
120
−120
0

---

**52.** 8 − 8 : 8 =

8 − 1 = 7

**53.** Denke dir eine Zahl von 1 bis 10, schreibe sie in den roten Kreis und befolge dann die Rechenaufträge! Nehmen wir als Beispiel die Zahl 5.

| | Beispiele |
|---|---|
| **Summe** | 12 + 4 = 16 |
| **Differenz** | 30 – 8 = 22 |
| **Produkt** | 12 · 4 = 48 |
| **Quotient** | 35 : 7 = 5 |

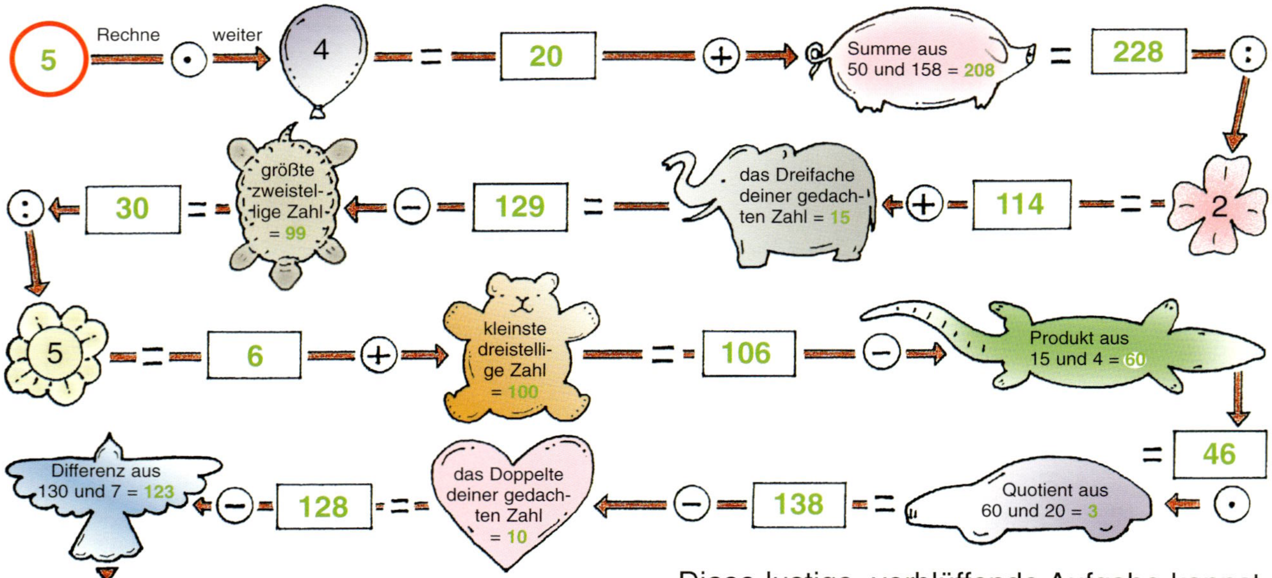


Die Zahl 5 hast du dir gedacht, stimmt's?

Diese lustige, verblüffende Aufgabe kannst du auch deine **Geschwister** oder **Klassenkameraden** rechnen lassen. Mal sehen, ob sie den Trick durchschauen!

**54.** 75 ℓ – 15 ℓ = **60 ℓ** (hat Herr Volkmann getankt)
63,60 € = 6360 Cent
6360 Cent : 60 = 106 Cent = **1,06 €** hat ein Liter Benzin gekostet.

```
6360 : 60 = 106
-60
  36
 - 0
  360
 -360
    0
```

---

**55.** In einer Sekunde fließen 18 ℓ durch den Abfluss.
81000 ℓ : 18 ℓ = **4500** (Sekunden)

```
81000 : 18 = 4500
-72
  90
 -90
   0
```

4500 (Sekunden) : 60 = **75** (Minuten) = 1 Std. 15 Min.

```
4500 : 60 = 75
-420
  300
 -300
    0
```

Nach **1 Std.** und **15 Min.** ist das Becken leer.

---

**56.** Fassungsvermögen eines Tanks: 1 887 ℓ

```
1887 ℓ · 12
    1887
     3774
   22644 ℓ
```

**22644 ℓ** (Fassungsvermögen von 12 Tanks)

```
  22644 ℓ
 -21284 ℓ
   1360 ℓ
```

**1360 ℓ** waren vor der Lieferung insgesamt noch in den Tanks.

---

**57.**

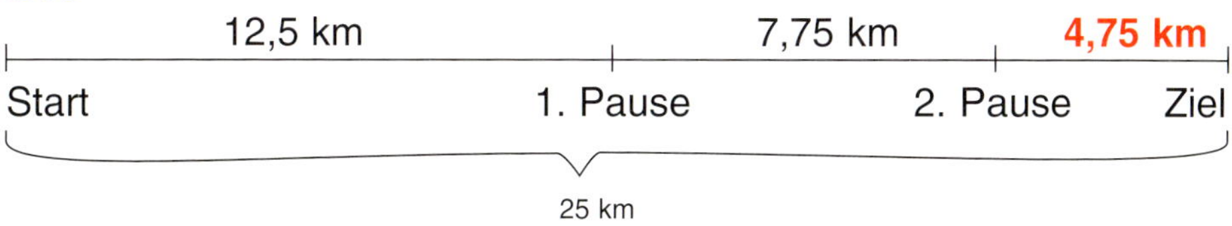


```
  12,500 km        25,000 km
+  7,750 km       -20,250 km
  20,250 km        4,750 km
```

**20,250 km**

**4,750 km** (müssen sie nach der 2. Pause noch zurücklegen)

---

## 58.

Marion: 166 cm
**Brigitte:** 166 cm – 8 cm = **158 cm**
**Claudia:** 321 cm – 158 cm = **163 cm**
**Sabine:** 656 cm – 487 cm = **169 cm**

166 cm (Marion)
158 cm (Brigitte)
+163 cm (Claudia)
**487 cm**

**oder:**

6,56 m (Gesamtgröße der vier Freundinnen)
–1,66 m (Größe von Marion)
–1,58 m (Größe von Brigitte)
–1,63 m (Größe von Claudia)
**1,69 m** Größe von **Sabine**

---

## 59.

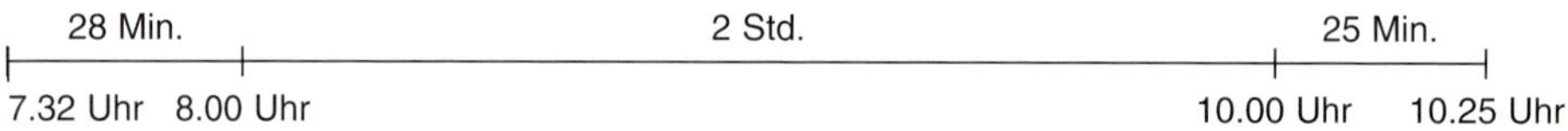


7.32 Uhr bis 8.00 Uhr → 28 Min.
8.00 Uhr bis 10.00 Uhr → 2 Std. → 120 Min.
10.00 Uhr bis 10.25 Uhr → 25 Min. → 25 Min.
**173 Min.**

60 Sek. · 173
60
420
180
**10380 Sekunden**
lang fließt das Wasser.

13 ℓ · 10380
130
39
1040
**134940 ℓ**

In 1 Sekunde fließen 13 ℓ in das Becken.

Das Becken fasst **134 940 ℓ**.

---

## 60.

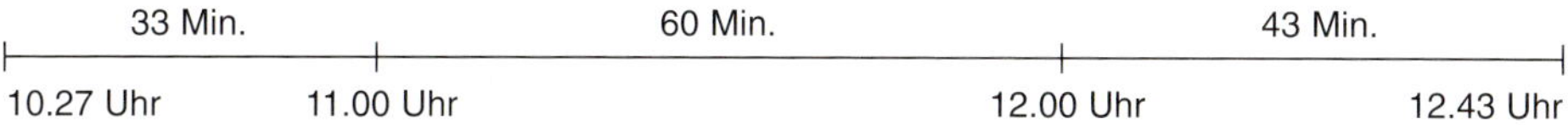


10.27 Uhr bis 11.00 Uhr → 33 Min.
11.00 Uhr bis 12.00 Uhr → 60 Min.
12.00 Uhr bis 12.43 Uhr → 43 Min.
**136 Min.**

136 : 60 = **2** Rest **16**
−120
16

Die Fahrzeit von Mühldorf nach Augsburg war **2 Stunden** und **16 Minuten**.

---

## 61.

Fahrzeit: 4 Std. 57 Min.

15.47 Uhr − 4 Std. = 11.47 Uhr
11.47 Uhr − 47 Min. = 11.00 Uhr
11.00 Uhr − 10 Min. = **10.50 Uhr**

**oder:**

15.47 Uhr − 5 Std. = 10.47 Uhr
10.47 Uhr + 3 Min. = **10.50 Uhr**

Um **10.50 Uhr** ist der Zug in Hummelstadt abgefahren.

---

## 62.

112 km · 3 = **336 km** (fährt Vater)

651 km (Gesamtstrecke)
−336 km (Strecke von Vater)
**315 km** (Strecke, die Mutter fahren muss)

315 km : 3 Std. = **105 km/h**

7 Std. (Reisezeit)
−3 Std. (Fahrzeit von Vater)
−1 Std. (Pause)
**3 Std.** (Fahrzeit von Mutter)

Mutter müsste mit einer Durchschnittsgeschwindigkeit von **105 km/h** fahren.

---

## 63.

9.30 Uhr bis 10.00 Uhr ⟶ 30 Min.
10.00 Uhr bis 13.00 Uhr → 3 Std.
**3 Std. 30 Min.** (sind sie unterwegs)

3 Std. 30 Min. (unterwegs)
– 30 Min. (Pause)
**3 Std.** (ist reine Fahrzeit)

240 km : 3 Std. = **80 km/h** ist ihre Durchschnittsgeschwindigkeit.

---

## 64.

38,0 kg · 17
38
266
646 kg (Kisten)

12,5 kg · 45
500
625
562,5 kg (Säcke)

8,5 kg · 48
340
680
408,0 kg (Stangen)

2750,0 kg (Gewicht)
646,0 kg (Kisten)
562,5 kg (Säcke)
408,0 kg (Stangen)
\+ 698,5 kg (Gewicht)
**5065,0 kg** (Ladung)

8600 kg (Höchstlast)
– 5065 kg (Ladung)
**3535 kg** (können noch aufgeladen werden)

3535 kg : 84 kg = **42**
– 336
175
– 168
7 Rest

Der Lkw-Fahrer darf noch **42 Kisten** aufladen.

---

## 65.

0,40 € · 15 = **6,00 €** (Karotten)
11,00 € · 12 = **132,00 €** (Äpfel)
4,50 € · 3 = **13,50 €** (Kartoffeln)
0,50 € · 40 = **20,00 €** (Salatköpfe)
**171,50 €** ist der Einkaufspreis der Lieferung.

296,40 € (Einnahmen)
– 171,50 € (Einkaufspreis)
124,90 €

124,90 €
– 38,00 € (Ausgaben)
**86,90 €** Gewinn hat der Gemüsehändler.

**oder:**

296,40 € (Einnahmen)
– 171,50 € (Einkaufspreis)
– 38,00 € (Ausgaben)
**86,90 €**

---

## 66.

Fruchtsaft:
12 Flaschen · 2 = 24 Flaschen

128 Cent · 24
256
512
3072 Cent = **30,72 €** (Fruchtsaft)

Mineralwasser:
20 Flaschen · 3 = 60 Flaschen

40 Cent · 60
2400 = **24 €** (Mineralwasser)

3072 Cent (Fruchtsaft)
+2400 Cent (Mineralwasser)
5472 Cent = **54,72 €**

Als Pfand für Fruchtsaft und Mineralwasser werden 5 Kästen Leergut berechnet. 6 Kästen Leergut gibt Familie Durstig zurück. Sie bekommt also für 1 Kasten **3 €** zurück.

54,72 € (Gesamtkosten)
– 3,00 € (Leergut für 1 Kasten zurück)
**51,72 €** muss Familie Durstig bezahlen.

---

## 67.

85 cm
12 dm = 120 cm
320 mm = 32 cm
**237 cm** (wurden abgeschnitten)

300 cm
–237 cm
**63 cm** ist der Rest des Zierbandes noch.

85 cm | 12 dm | 320 mm | **63 cm**

---

## 68.

9,00 m
27 dm = 2,70 m
48 cm = 0,48 m
**12,18 m**

---

## 69.

2,95 m = 295 cm
0,47 m = 47 cm

295 cm : 47 cm = **6**
–282
13 Rest

Die beiden Mädchen können nur **6 Tücher** bemalen.

---

## 70.

470 m (1. Tag)
0,250 km = 250 m (2. Tag)
**720 m**

1,050 km = 1050 m (Gesamtlänge)
– 720 m
**330 m** müssen am dritten Tag noch verlegt werden.

---

## 71.

**Kriechi:** 2 dm = 20 cm
12 cm
30 mm = 3 cm
**35 cm**

**Slowly:** 3 dm = 30 cm
2 cm
50 mm = 5 cm
**37 cm**

**Brauni:** 1 dm = 10 cm
24 cm
120 mm = 12 cm

Schnecke **Brauni** ist am weitesten gekrochen: **46 cm**

## 72.

3 m = 300 cm
17 dm = 170 cm
20 cm = 20 cm
**490 cm** (soll die Mauer werden)

9 dm = 90 cm
8 cm = 8 cm
**98 cm** (schafft der Maurer in 1 Std.)

490 cm : 98 cm = 5

Nach **5 Std.** ist die Mauer fertig.

## 73.

2 · 27 cm = **54 cm** (Holme)

6 · 23 cm = **138 cm**
(Es sind **nur 6 Zwischenräume**)

7 · 4 = **28 cm** (Sprossen)

54 cm (2 Holme)
138 cm (6 Abstände)
\+ 28 cm (7 Sprossen)
**220 cm = 2 m 20 cm**

Die Leiter ist **2,20 m** lang.

## 74.

2 m   9 dm 2 cm
4 m 18 dm 4 cm = 5 m   8 dm 4 cm
10 m 16 dm 8 cm = 11 m 6 dm 8 cm = 11,68 m

**oder:**

| | |
|---|---|
| | 2 m 9 dm 2 cm |
| + | 2 m 9 dm 2 cm |
| | 5 m 8 dm 4 cm |
| + | 5 m 8 dm 4 cm |
| | 11 m 6 dm 8 cm |

11 m 6 dm 8 cm = 11,68 m ist das Seil lang.

Das Seil ist tatsächlich **viermal** so lang, wie wenn es zusammengelegt ist.

## 75.

Die Kisten **liegen**

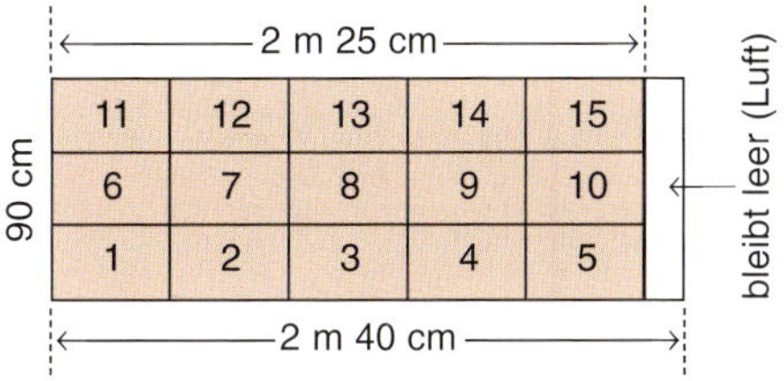


2 m 40 cm = 240 cm

240 cm : 45 cm = 5 (Kisten haben nebeneinander Platz)
–225
15 Rest

90 cm : 30 cm = 3 (Kisten haben in der Höhe Platz)

5 · 3 = **15 Kisten** können liegend gelagert werden.

Die Kisten **stehen**

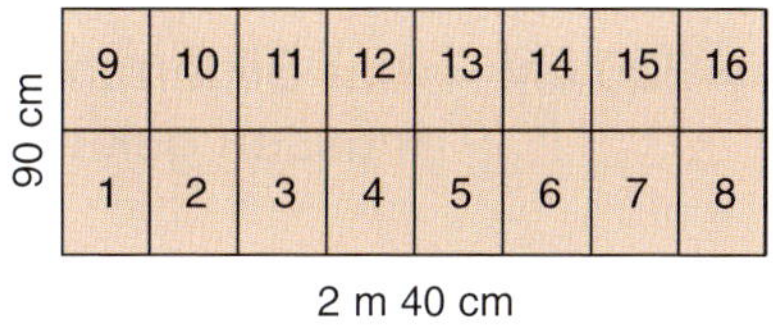


240 cm : 30 cm = 8 (Kisten haben nebeneinander Platz)

90 cm : 45 cm = 2 (Kisten haben in der Höhe Platz)

8 · 2 = **16 Kisten** können stehend gelagert werden.

**76.**

| | | |
|---|---|---|
| 0,870 km | = 870 m | = 0,870 km |
| 2,050 km | = 2050 m | = 2,050 km |
| 2,9 km | = 2900 m | = 2,900 km |
| 3 km 330 m | = 3330 m | = 3,330 km |
| 2460 m | = 2460 m | = 2,460 km |
| 6,14 km | = 6140 m | = 6,140 km |
| 5 km 40 m | = 5040 m | = 5,040 km |
| | 22790 m | **22,790 km** |

Die Radtour ist **22,790 km** lang.

---

**77.**

$U = 2 \cdot (a + b)$

$= 2 \cdot (80\text{ cm} + 70\text{ cm})$

$= 2 \cdot$ **150 cm**
(ist halber Umfang)

U = 300 cm = **3 m** Bilderrahmen müssen gekauft werden.

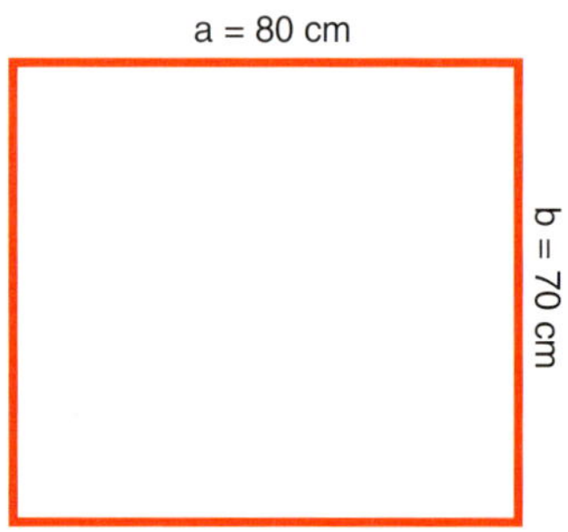


---

**78.**

$U = 2 \cdot a + 2 \cdot b$

$= 2 \cdot 460\text{ cm} + 2 \cdot 320\text{ cm}$

$= 920\text{ cm} + 640\text{ cm}$

$= 1560\text{ cm}$

= **15,60 m** (Umfang des Zimmers)

| | |
|---|---|
| 1560 cm | (Umfang des Zimmers) |
| − 80 cm | (Breite der Tür) |
| 1480 cm | |

**14,80 m** Fußleisten muss der Vater kaufen.

---

**79.**

$U = 4 \cdot a$

$= 4 \cdot 34\text{ m}$

= 136 m (Umfang des Platzes)

| | |
|---|---|
| 136 m | (Umfang des Platzes) |
| − 2 m | (Eingang) |
| **134 m** | (Länge der Hecke) |

36 € · 134
36
108
144
**4824 €** kostet die Hecke.

---

**80.** U = 4 · a
= 4 · 38 cm
= **152 cm** (ist der Umfang eines Kissens)

152 cm (Umfang eines Kissens)
+ 48 cm (Länge von 4 Schleifen)
200 cm = **2 m** (werden für 1 Kissen gebraucht)

Für 2 Kissen werden 4 m gebraucht.

0,90 € · 4
**3,60 €** kostet das Samtband.

---

**81.**

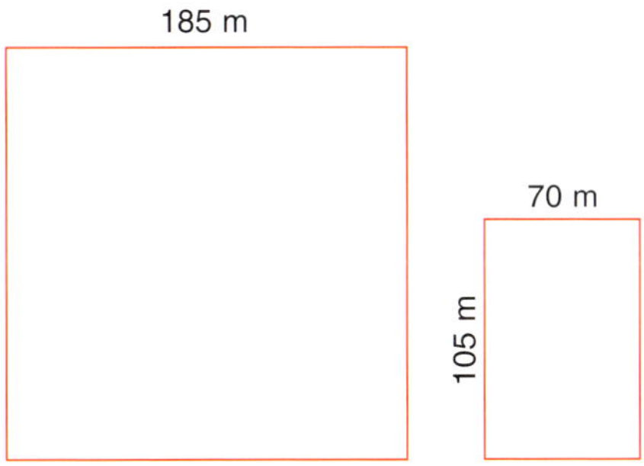


$U_Q$ = 4 · a
= 4 · 185 m
= **740 m** (ist der Umfang der Wiese)

$U_R$ = 2 · (a + b)
= 2 · (105 m + 70 m)
= 2 · 175 m
= **350 m** (ist der Umfang des Fußballfeldes)

740 m (Umfang der Wiese)
350 m (Umfang Fußballfeld, 1. Lauf)
+ 350 m (Umfang Fußballfeld, 2. Lauf)
1440 m = **1,44 km** sind Peter und Wuffi gelaufen.

---

**82.**

560 cm : 2 = **280 cm** (ist halber Umfang)

280 cm (ist der halbe Umfang)
−120 cm (ist die Breite der Tischdecke)
**160 cm** ist die Tischdecke lang.

**oder:** 560 cm (Umfang)
−240 cm (**zwei** Breitseiten)
320 cm (**zwei** Längsseiten)

320 cm : 2 = **160 cm** (**eine** Länge)

**83.** 3668 € : 7 € = **524 m** (Umfang der Viehweide)

```
3668 € : 7 € = 524 m
-35
 16
-14
 28
-28
  0
```

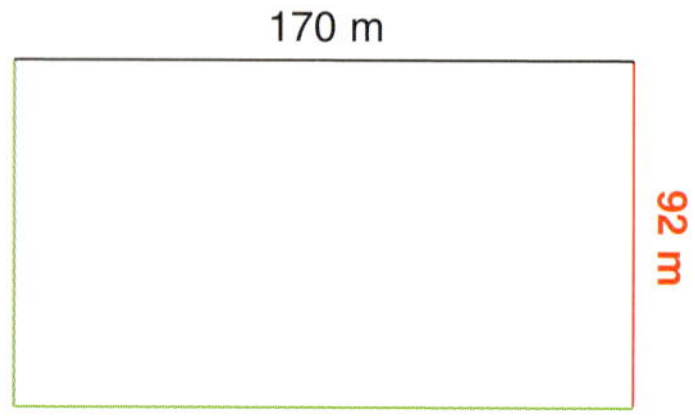


524 m : 2 = **262 m** (halber Umfang)

```
  262 m (halber Umfang)
 -170 m (Länge)
   92 m ist die Viehweide breit.
```

**92 m** ist die Viehweide breit.

**oder:**

```
  524 m (Umfang)
 -340 m (zwei Längsseiten)
  184 m (zwei Breitseiten)
```

184 m : 2 = **92 m** (**eine** Breitseite)

---

**84.** $U_Q = 4 \cdot a$
$= 4 \cdot 24$ m
$=$ **96 m** (Umfang des quadratischen Grundstücks)

96 m : 2 = **48 m** (halber Umfang)

```
  48 m (halber Umfang)
- 21 m (Breite des rechteckigen Grundstücks)
  27 m ist das rechteckige Grundstück lang.
```

**27 m** ist das rechteckige Grundstück lang.

**oder:**

```
24 m · 4
    96 m
```

```
  96 m (Umfang)
- 42 m (zwei Breiten)
  54 m (zwei Längen)
```

54 m : 2 = **27 m** ist das rechteckige Grundstück lang.

---

**85.**

| | | | | |
|---|---|---|---|---|
| Länge | 12 cm | 3,8 m | **7 dm** | 4 km |
| Breite | **9 cm** | 1,5 m | 2,5 dm | **1,125 km** |
| Umfang | 42 cm | **10,6 m** | 19 dm | 10,25 km |

Erinnere dich: $U = 2 \cdot (a + b)$

10,25 km = 10250 m

```
  10250 m (Umfang)
-  8000 m (zwei Längen)
   2250 m (zwei Breiten)
```

2250 m : 2 = 1125 m
= **1,125 km**

**86.**

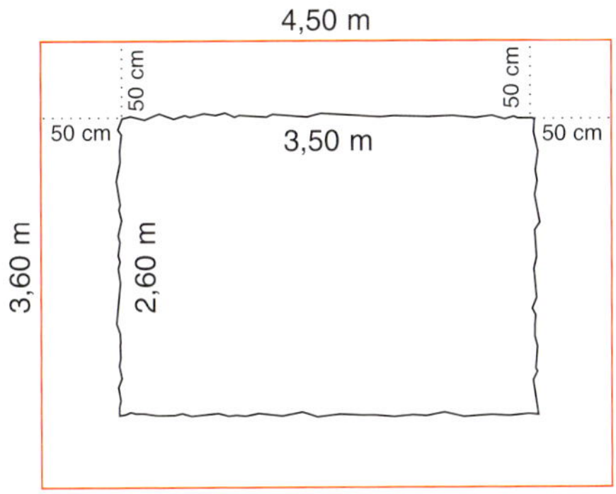


3,50 m + 1,00 m = **4,50 m**
2,60 m + 1,00 m = **3,60 m**

$U = 2 \cdot a + 2 \cdot b$
$U = 2 \cdot 4{,}5\ m + 2 \cdot 3{,}60\ m$
$U = 9{,}00\ m + 7{,}20\ m$
U = **16,20 m** muss das rote Band lang sein.

**oder:** $3{,}50\ m \cdot 2 = 7{,}00\ m$
$2{,}60\ m \cdot 2 = 5{,}20\ m$

7,00 m (zwei Längsseiten der Baugrube)
5,20 m (zwei Breitseiten der Baugrube)
\+ 4,00 m ($8 \cdot 50$ cm an den Ecken)
**16,20 m** muss das rote Band lang sein.

---

**87.**

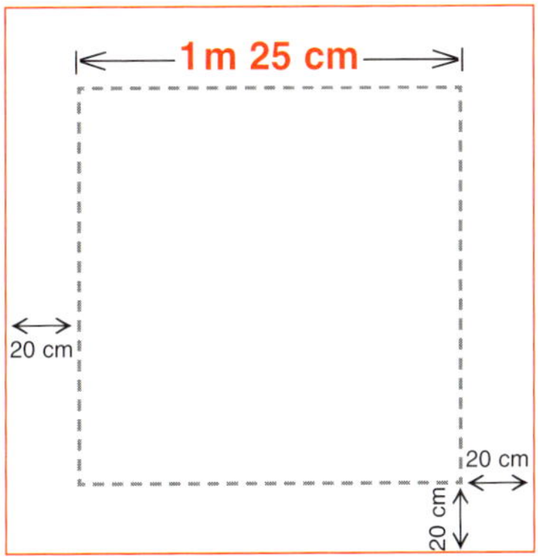


Das Zierband ist 660 cm lang.

660 cm : 4 = **165 cm** (Seite der Tischdecke)

165 cm (Seite der Tischdecke)
− 40 cm (Überhang links und rechts)
125 cm

**1,25 m** ist die Seite des Tisches.

**oder:** 660 cm (Umfang der Tischdecke)
−160 cm ($8 \cdot 20$ cm)
**500 cm** (Umfang des Tisches)

500 cm : 4 = 125 cm
= **1,25 m** ist die Seite des Tisches.

---

**88.**

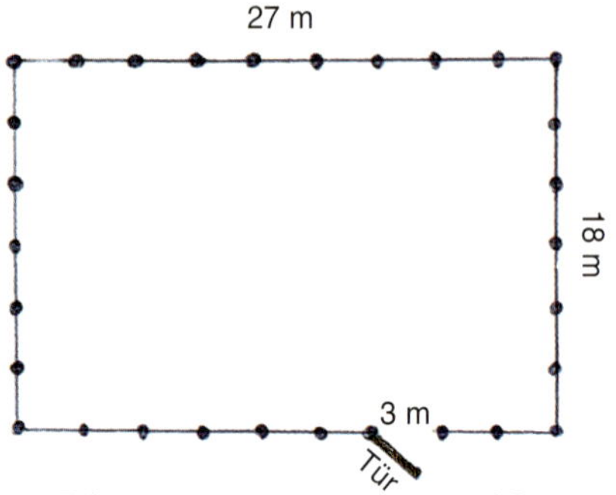


U = 2 · (a + b)
= 2 · (27 m + 18 m)
= 2 · 45 m = **90 m**

90 m (Umfang)
– 3 m (Tor)
**87 m** (Länge des Zauns)

Anzahl der Pfosten:

87 m : 3 m = 29
+ 1 (Anfangspfosten)
**30** Pfosten

Kosten der Umzäunung:

Zaun: 21 € · 87 = 1827 €
Pfosten: 9 € · 30 = 270 €
Tür: + 285 €
**2382 €** kostet die Umzäunung.

---

**89.**

A = a · b
A = 4 m · 3 m
A = **12 m²** (Fläche des Kinderzimmers)
32 € · 12
32
64
**384 €** kostet der Teppichboden.

---

**90.**

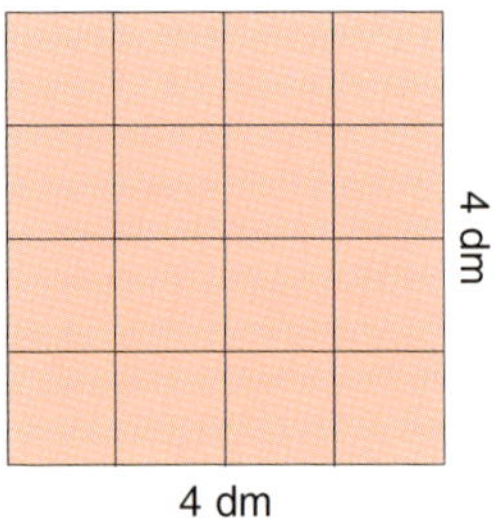


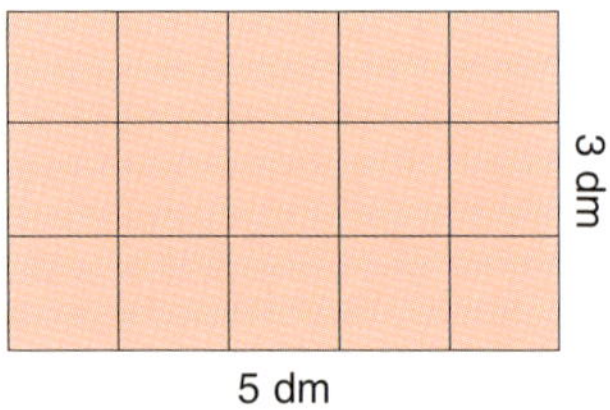


A = a · a
A = 4 dm · 4 dm
A = **16 dm²**

A = a · b
A = 5 dm · 3 dm
A = **15 dm²**

Die quadratische Platte ist um **1 dm²** größer als die rechteckige.

---

**91.**

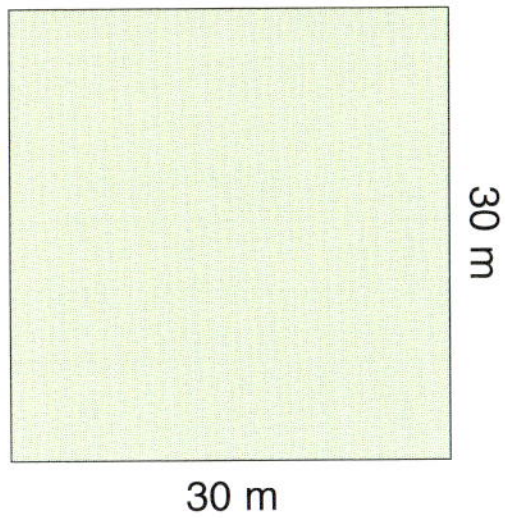


120 m : 4 = **30 m** (Seitenlänge des Grundstücks)

A = a · a
A = 30 m · 30 m
A = **900 m²** ist die Fläche.

---

**92.**

1,50 m = 15 dm
1,20 m = 12 dm

15 dm · 12 dm
15
30
**180 dm²** (Fläche des Fensters)

55 Cent · 180
55
4400
9900 Cent = **99 €** muss Alexander für die Fensterscheibe bezahlen.

---

**93.**

| | km² | ha | a | m² | dm² | cm² | mm² |
|---|---|---|---|---|---|---|---|
| 1200 m² | | | 12 | | | | |
| 3000 a | | 30 | | | | | |
| 500 cm² | | | | | 5 | | |
| 1700 dm² | | | | 17 | | | |
| 7300 ha | 73 | | | | | | |
| 800 mm² | | | | | | 8 | |

---

**94.**

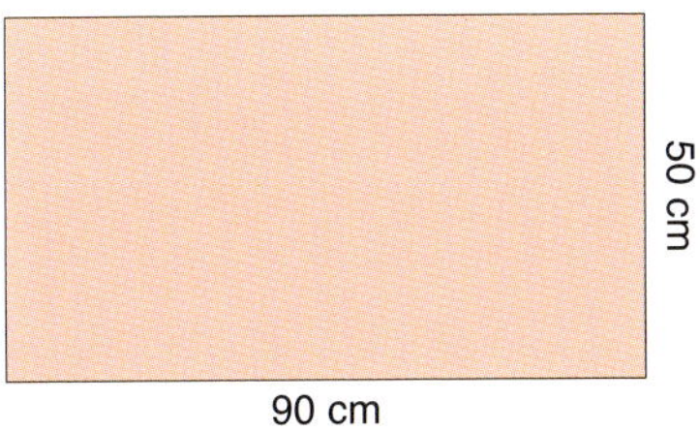


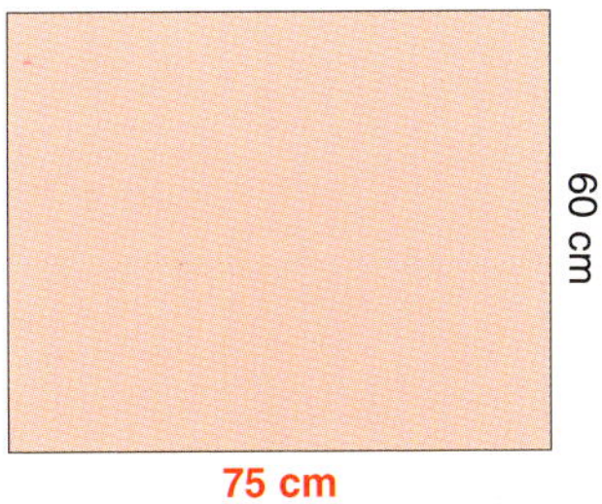


A = a · b
A = 90 cm · 50 cm
A = **4500 cm²** (Platte von Martin)

4500 cm² : 60 cm = **75 cm** ist die Platte von Christian lang.
−420
300
−300
0

## 95.

| | km² | ha | a | m² | dm² | cm² | mm² |
|---|---|---|---|---|---|---|---|
| 2765 m² | | | 27 | 65 | | | |
| 3008 cm² | | | | | 30 | 08 | |
| 15605 dm² | | | 1 | 56 | 05 | | |
| 17,5 a | | | 17 | 50 | | | |
| 3,66 ha | | 3 | 66 | | | | |
| 0,854 km² | | 85 | 40 | | | | |
| 25070 mm² | | | | | 2 | 50 | 70 |

## 96.

| | | | | |
|---|---|---|---|---|
| 14 a | = | 1400 m² | = | 140000 dm² |
| 3 ha | = | 300 a | = | 30000 m² |
| 41 m² | = | 4100 dm² | = | 410000 cm² |
| 4 dm² | = | 400 cm² | = | 40000 mm² |
| 0,5 km² | = | 50 ha | = | 5000 a |
| 0,03 a | = | 3 m² | = | 300 dm² |

## 97.

$A = a \cdot b$

$A = 260\ m \cdot 85\ m$

```
260 m · 85 m
    2080
     1300
   22100 m²
(Fläche des Ackers)
```

```
22100 m² : 65 m = 340 m
-195
  260
 -260
    0
```

Der andere Acker muss **340 m** lang sein.

## 98.

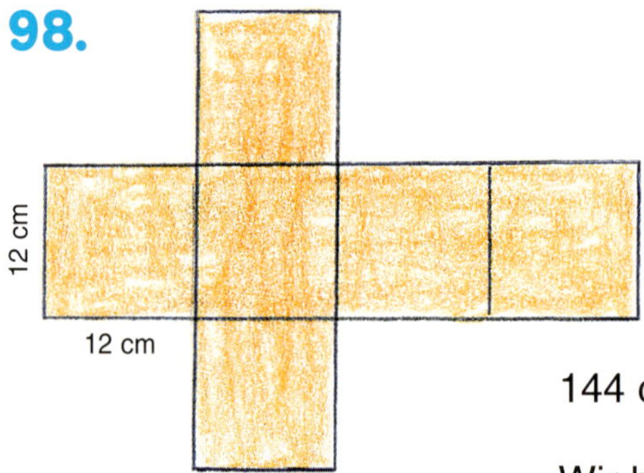


Der Würfel besteht aus 6 gleich großen Quadraten.

Fläche eines Quadrats ist:

$12\ cm \cdot 12\ cm = 144\ cm^2$

$144\ cm^2 \cdot 6 = 864\ cm^2 = 8\ dm^2\ 64\ cm^2$

Wir benötigen **8 dm² 64 cm²** Pappe.

# 99.

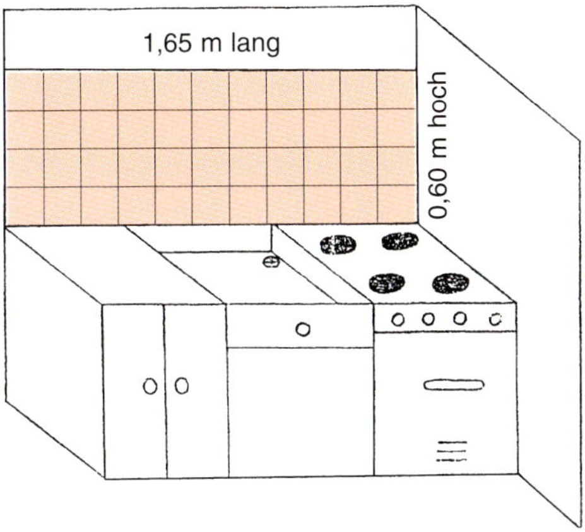


1,65 m = 165 cm
0,60 m = 60 cm

165 cm · 60 cm
**$9900\ cm^2$** (Fläche, die gefliest wird)

15 cm · 15 cm
15
75
**$225\ cm^2$** (Fläche einer Fliese)

$9900\ cm^2 : 225\ cm^2 =$ **44** Fliesen werden gebraucht.

$$\begin{array}{r} 9900 \\ -900 \\ \hline 900 \\ -900 \\ \hline 0 \end{array}$$

**oder:** 165 cm : 15 cm = **11 Fliesen** pro Reihe
60 cm : 15 cm = **4 Reihen**

11 · 4 = **44** Fliesen werden gebraucht.

## 100.

1 Fliese ist
400 cm² groß.

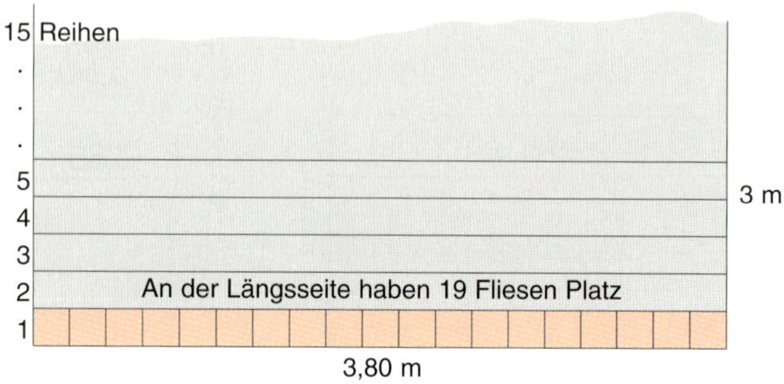


3,80 m = 380 cm
3 m = 300 cm

380 cm · 300 cm
**114000 cm²** (ist die Bodenfläche der Küche)

20 cm · 20 cm
**400 cm²** (Größe einer Fliese)

114000 cm² : 400 cm² = **285 Fliesen** werden gebraucht.

**oder:** Länge: 380 cm : 20 cm = **19 Fliesen** pro Reihe.
Breite: 300 cm : 20 cm = **15 Reihen**

19 · 15 = **285 Fliesen**

---

## 101.

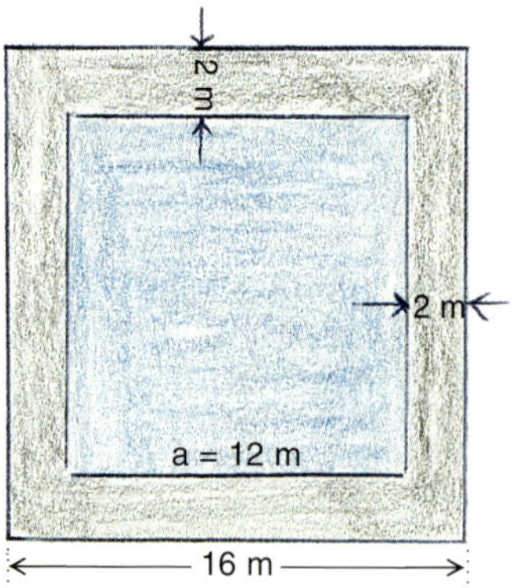


16 m · 16 m = **256 m²** (gesamte Fläche der Anlage)

12 m · 12 m = **144 m²** (Fläche des Wasserbeckens)

256 m²
−144 m²
**112 m²**

19 € · 112
19
19
38
**2128 €**
kostet der Weg.

---

**102.**

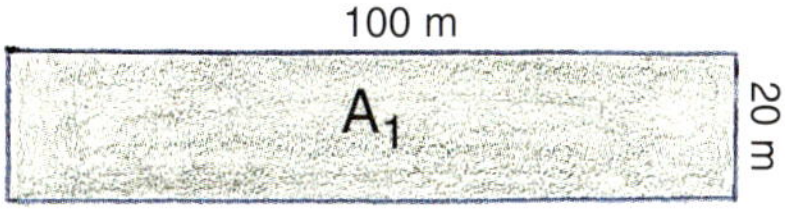


$A_1 = 100\text{ m} \cdot 20\text{ m} = 2000\text{ m}^2$

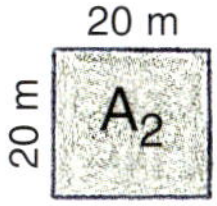


$A_2 = 20\text{ m} \cdot 20\text{ m} = 400\text{ m}^2$

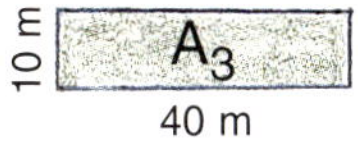


$A_3 = 40\text{ m} \cdot 10\text{ m} = 400\text{ m}^2$

$A_1 = 2000\text{ m}^2$
$A_2 = 400\text{ m}^2$
$A_3 = 400\text{ m}^2$
$A = \mathbf{2800\text{ m}^2}$

---

**103.** Die Wand ist auf der Zeichnung 5 cm lang. In Wirklichkeit ist sie 10 m lang.

10 m = 1000 cm
1000 cm : 5 cm = 200 (-mal kleiner gezeichnet)

Die Wand ist im **Maßstab 1 : 200** gezeichnet.

| Fläche der ganzen Hauswand: | Fläche der Haustür: | Fläche des Fensters: |
|---|---|---|
| $10\text{ m} \cdot 3\text{ m} = 30\text{ m}^2$ | $1{,}5\text{ m} \cdot 2\text{ m} = 3\text{ m}^2$ | $2\text{ m}^2$ |

Fläche, die zu streichen ist:
$30\text{ m}^2$ (ganze Wand)
$-\ 3\text{ m}^2$ (Tür)
$-\ 2\text{ m}^2$ (Fenster)
**$25\text{ m}^2$**

3,80 € · 25
760
1900
**95,00 €** kostet das Streichen der Hauswand.

---

# 104.

Fläche einer **Längswand**:
4 m · 2,5 m = 10 m²

Fläche einer **Breitwand**:
3 m · 2,5 m = 7,5 m²

Fläche der **Decke**:
4 m · 3 m = 12 m²

Fläche des **Fensters**:
2 m · 1,5 m = 3 m²

Fläche der **Tür**:
2 m²

| | |
|---|---|
| Fläche der beiden Längswände: | 20 m² |
| Fläche der beiden Breitwände: | 15 m² |
| Fläche der Decke: | 12 m² |
| Gesamtfläche: | 47 m² |
| – Fenster: | – 3 m² |
| – Tür: | – 2 m² |
| Fläche, die gestrichen wird: | **42 m²** |

**Preis:**

4,10 € · 42
1640
820
**172,20 €** muss Christians Vater dem Maler bezahlen.

---

# 105.

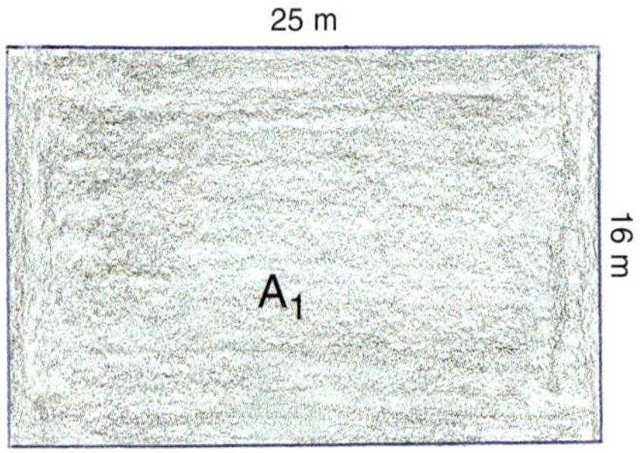


$A_1 = 25\text{ m} \cdot 16\text{ m} = \mathbf{400\text{ m}^2}$

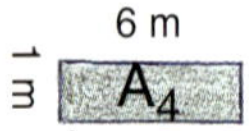


$A_4 = \mathbf{6\text{ m}^2}$

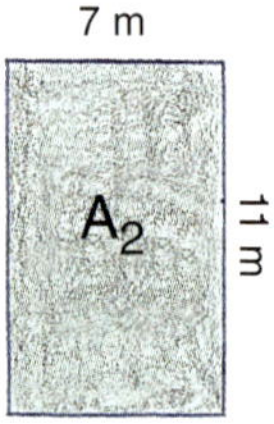


$A_2 = 11\text{ m} \cdot 7\text{ m} = \mathbf{77\text{ m}^2}$

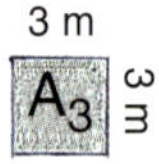


$A_3 = 3\text{ m} \cdot 3\text{ m} = \mathbf{9\text{ m}^2}$

400 m²
– 77 m²
– 9 m²
– 6 m²
**308 m²** ist die Rasenfläche.

**106.** Hier zeige ich dir, welche Würfel du gefunden haben müsstest!

③  ⑥  ⑦ 

Es können nur die Würfel ③, ⑥ und ⑦ aus dem Würfelnetz gefaltet werden.

Die Summe der Punkte auf den gegenüberliegenden Würfelseiten ergibt immer 7.

Diese fünf übrig gebliebenen Würfel können es **nicht** gewesen sein, weil  und  eine gemeinsame Kante haben.

①  ②  ④ 

⑤  ⑧ 

**Tipp:** Wenn du es nicht glaubst, dann bastle selbst so einen Würfel aus diesem Netz und prüfe nach!

Möchtest du dich entspannen? – Male das Mandala farbig aus.
Beginne in der Mitte des Mandalas und du wirst spüren, wie ruhig du wirst.
Ein Tipp: Du kannst zum Ausmalen leise Musik hören.

Quellenverzeichnis:
aus: Therese Neumann: Kinder-Mini-Mandalas. Ein Malbuch. S. 22.
Schirner Verlag, Darmstadt 1999. ISBN 3-930944-35-9 www.schirner.com

**51.** Auf dem Flohmarkt nimmt Andi 12 € für seine alte Eisenbahn ein. Später verkauft er noch 7 CDs zu je 2,50 €, 13 Zeitschriften zu je 0,80 € und 24 Schlümpfe. Andi ist mit 19,64 € im Geldbeutel zum Flohmarkt gekommen und hat 77,54 € im Geldbeutel, als er vom Flohmarkt nach Hause geht.

- Wie hoch waren Andis Einnahmen?
- Wie viel € hat Andi für einen Schlumpf verlangt?

  (**Tipp:** Rechne in Cent um!)

**52.** Ingrid kann die Zahl 7 mit drei Achten schreiben.
**Du** auch?

- Setze die richtigen Rechenzeichen ( + – · : ) in die Kreise (Platzhalter) ein, und achte dabei auf die Rechenregel „Punkt vor Strich“!

8 ○ 8 ○ 8 = 7

**53.** Denke dir eine Zahl von 1 bis 10, schreibe sie in den roten Kreis und befolge dann die Rechenaufträge!

(**Tipp:** Wenn du nicht mehr genau weißt, was die Begriffe **Summe**, **Differenz**, **Produkt**, **Quotient** bedeuten, dann kannst du in nebenstehender Tabelle nachsehen!)

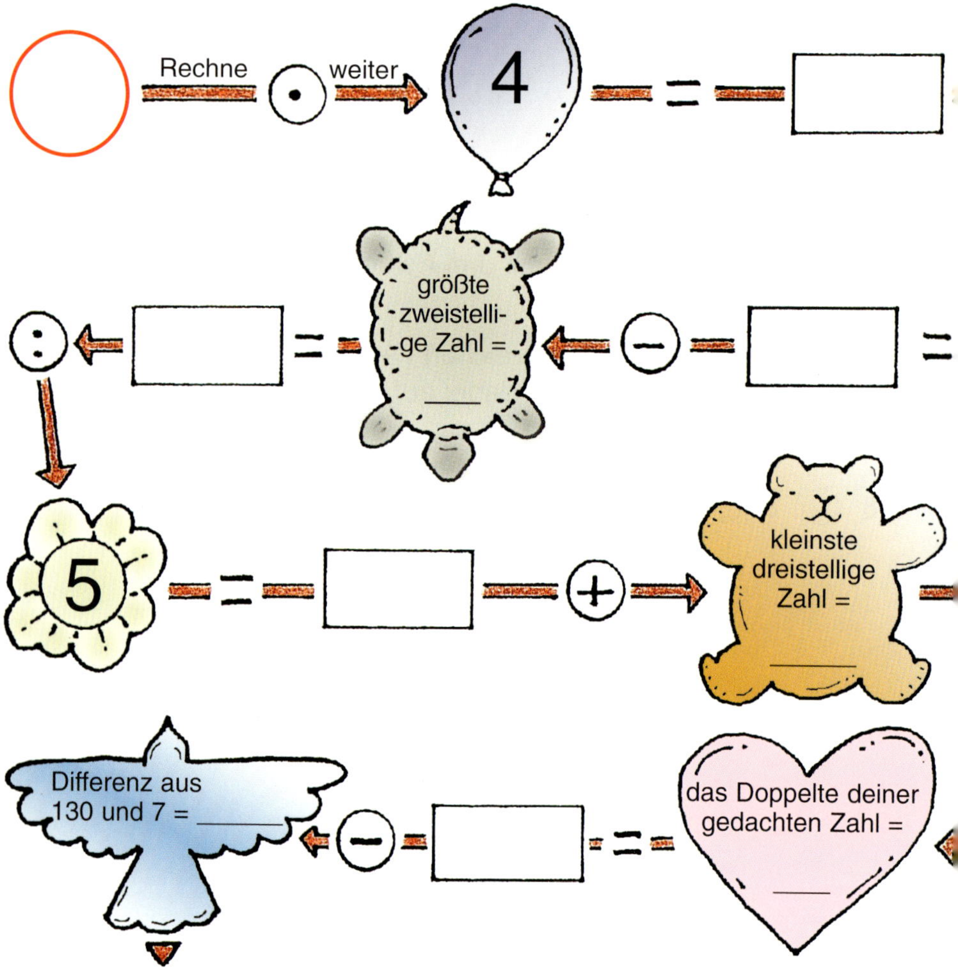


Die Zahl ◯ hast du dir gedacht, stimmt's?

| | Beispiele |
|---|---|
| **Summe** | 12 + 4 = 16 |
| **Differenz** | 30 – 8 = 22 |
| **Produkt** | 12 · 4 = 48 |
| **Quotient** | 35 : 7 = 5 |

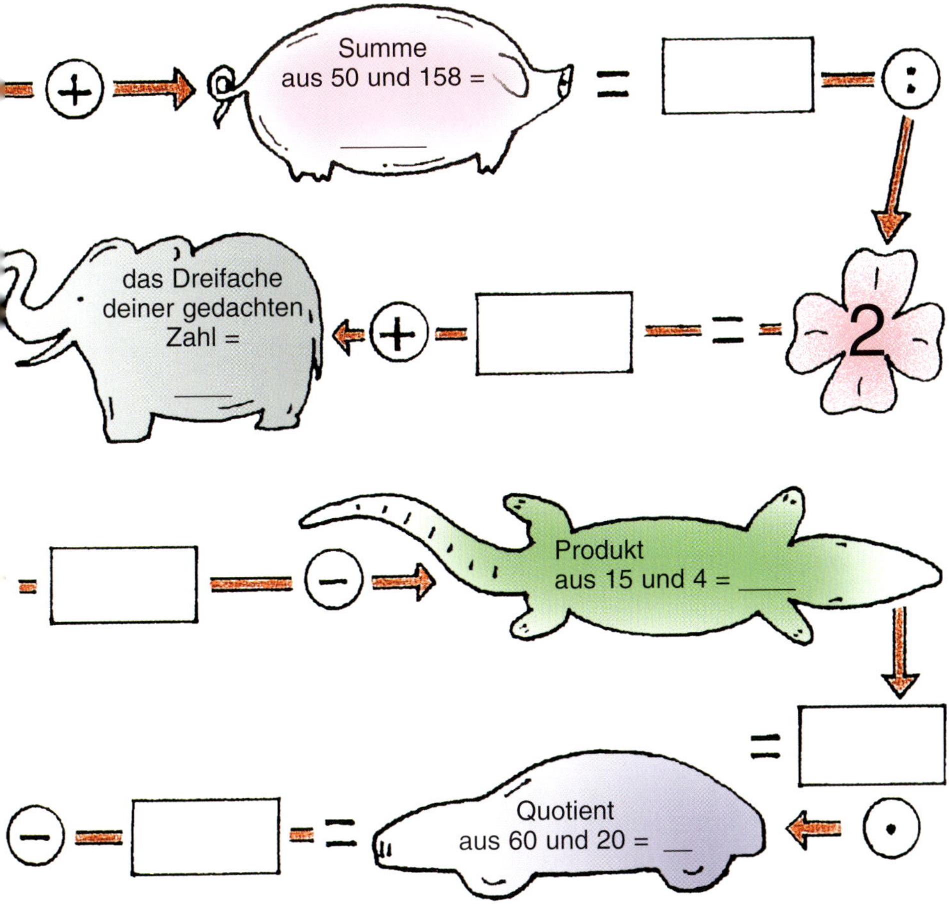


Diese lustige, verblüffende Aufgabe kannst du auch deine **Geschwister** oder **Klassenkameraden** rechnen lassen. Mal sehen, ob sie den Trick durchschauen!

# 5. Kapitel: Rechnen mit Größen/ Sachrechnen

**54.** Herr Volkmann füllt seinen Benzintank ganz voll und zahlt dafür 63,60 €. Der Tank fasst 75 Liter. Vor dem Tanken waren noch 15 Liter im Tank.

- Wie viel € hat ein Liter Benzin gekostet?

(**Tipp:** Rechne um in Cent!)

**55.** Im Zoo wird das Becken von Seehund Drolli geleert. Der Abfluss lässt in einer Sekunde 18 ℓ Wasser durch. Im Becken befinden sich 81 000 ℓ Wasser.

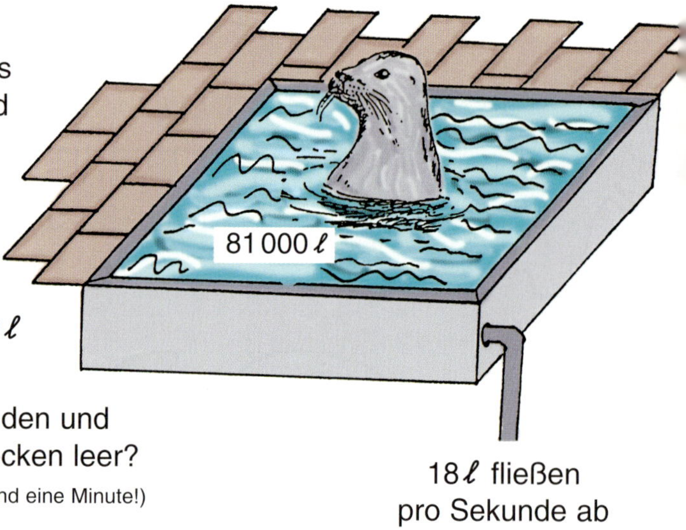


- Nach wie viel Stunden und Minuten ist das Becken leer?

(**Beachte:** 60 Sekunden sind eine Minute!)

**56.** Eine Heizölfirma liefert an Firma Feuerstein 21 284 Liter Heizöl. Nach der Lieferung sind die 12 Tanks der Firma wieder ganz voll. Ein Tank hat ein Fassungsvermögen von 1 887 Litern.

- Wie viel Liter Heizöl waren vor der Lieferung insgesamt noch in den 12 Tanks?

**57.** Die beiden Geschwister Sabrina und Matthias machen eine Fahrradtour. Sie fahren 12,5 km bis zur ersten Pause. Nach weiteren 7,75 km legen sie eine zweite Pause ein. Das Ziel, das sie erreichen wollen, ist 25 km von ihrem Ausgangspunkt entfernt.

- Welche Strecke müssen sie nach der zweiten Pause noch bis zum Ziel zurücklegen?
- Zeichne die Weglängen auf dem Zahlenstrahl unten ein, kennzeichne auch die Pausen!

(Diese Skizze hilft dir beim Rechnen. $\frac{1}{2}$ cm $\hat{=}$ 1 km)

Start — Ziel

**58.** Die vier Freundinnen Brigitte, Sabine, Claudia und Marion sind zusammen 6,56 m groß. Die Größe von Claudia und Brigitte beträgt zusammen 3,21 m. Brigitte ist 8 cm kleiner als die 1,66 m große Marion.

- Wie groß ist jedes der Mädchen?

(**Tipp:** Rechne um in cm!)

**59.** Ein kleines Schwimmbecken wird in der Zeit von 7.32 Uhr bis 10.25 Uhr mit Wasser gefüllt. In einer Sekunde fließen 13 ℓ Wasser in das Becken.

- Wie viel Liter fasst das Becken?

**60.** Tante Sonja und Onkel Erwin fahren um 10.27 Uhr in Mühldorf mit dem Zug ab und kommen um 12.43 in Augsburg an.

- Wie lang war die Fahrzeit? (Gib in Stunden und Minuten an!)

(**Beachte:** 1 Stunde sind 60 Minuten!)

**61.** Ein Zug kommt um 15.47 Uhr in Bienendorf an. Er brauchte für die Fahrt von Hummelstadt bis Bienendorf 4 Std. 57 Min.

- Um wie viel Uhr ist der Zug in Hummelstadt abgefahren?

**62.** Mutter und Vater wollen in 7 Stunden mit dem Auto von Essen nach München fahren. Die Strecke ist 651 km lang. Vater fährt als Erster, und zwar 3 Stunden lang mit je 112 km/h. Nach einer Fahrtpause von einer Stunde setzt sich Mutter hinter das Steuer.

- Mit welcher Durchschnittsgeschwindigkeit müsste sie fahren, um pünktlich am Ziel zu sein?

**63.** Markus und Ingrid unternehmen mit dem Auto einen Wochenendausflug in die Berge. Von zu Hause bis zum Ziel sind es 240 km. Sie fahren um 9.30 Uhr von zu Hause los und erreichen um 13.00 Uhr ihr Ziel.

- Kannst du mir ihre Durchschnittsgeschwindigkeit verraten, wenn sie eine Pause von 30 Minuten eingelegt haben?

**64.** Ein Lkw darf eine Höchstlast von 8,6 t nicht überschreiten. Auf der Ladefläche des Lkws befindet sich bereits ein Gewicht von 2,75 t. Der Lkw-Fahrer lädt noch Folgendes dazu: 17 Kisten zu je 38 kg, 45 Säcke zu je 12,5 kg, 48 Metallstangen zu je 8,5 kg und ein weiteres Gewicht von 698,5 kg.

- Wie viele Kisten zu je 84 kg darf der Lkw-Fahrer noch aufladen, ohne das zulässige Gesamtgewicht zu überschreiten?

(**Tipp:** 1 t = 1 000 kg; 8,6 t = 8 600 kg; 2,75 t = 2 750 kg)

**65.** Ein Gemüsehändler bekommt folgende Lieferung:

15 kg Karotten zu je 0,40 €
12 Kisten Äpfel zu je 11 €
3 Säcke Kartoffeln zu je 4,50 €
40 Salatköpfe zu je 0,50 €

- Berechne den Einkaufspreis der Lieferung, den der Gemüsehändler zu bezahlen hat!
- Wie viel € Gewinn hat der Gemüsehändler, wenn er für die gesamte Ware 296,40 € von seinen Kunden einnimmt und noch Ausgaben in Höhe von 38 € hat?

**66.** Familie Durstig kauft 2 Getränkekästen mit je 12 Flaschen Fruchtsaft zum Preis von 1,28 € pro Flasche und 3 Mineralwasserkästen mit je 20 Flaschen zu je 0,40 €. Das Pfand für einen Getränkekasten beträgt 3 €.

- Welchen Betrag muss Familie Durstig bezahlen, wenn sie 6 Getränkekästen zurückgibt?

# 6. Kapitel: Längen

**67.** Von einem Zierband, das 3 m lang ist, werden zunächst 85 cm abgeschnitten, dann 12 dm und zuletzt 320 mm.

- Wie lang ist der Rest des Zierbandes noch?

(**Tipp:** Rechne alles in cm um!)

Diese Tabelle hilft dir bei der Umrechnung:

| | | | |
|---|---|---|---|
| 1 m = | 10 dm = | 100 cm = | 1000 mm |
| | 1 dm = | 10 cm = | 100 mm |
| | | 1 cm = | 10 mm |

**68.** Sieh mal her! Da liegt ein Riese zwischen zwei Bäumen im Gras, ruht sich aus und schnarcht ganz laut. Der Riese ist 9 m 27 dm 48 cm groß.

- Wandle diese Zahl in m um!

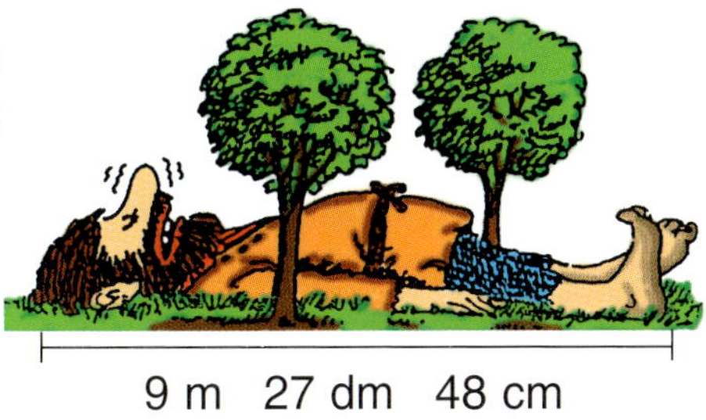


**69.** Lisa und Laura wollen Seidentücher bemalen. Sie benötigen für ein Tuch die Breite des Stoffballens und die Länge von 0,47 m Stoff. Im Geschäft gibt es nur noch eine Rolle mit Seidenstoff der Länge 2,95 m.

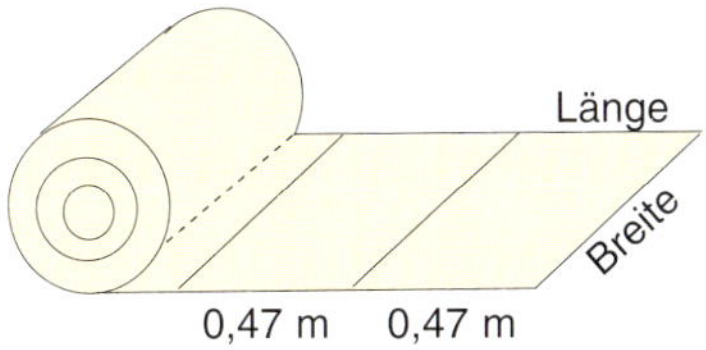


- Wie viele Tücher können die beiden Mädchen bemalen?

(Es bleibt ein Rest Stoff übrig!)

**70.** An einer 1,050 km langen Straße wird ein Kabel verlegt. Am ersten Tag werden 470 m verlegt, am zweiten Tag 0,250 km.

- Wie viele m Kabel müssen am dritten Tag verlegt werden, wenn am dritten Tag die Arbeit abgeschlossen sein soll?

**71. Beim Schneckenrennen!**

Schnecke Kriechi kriecht 2 dm 12 cm 30 mm weit.
Schnecke Slowly kriecht 3 dm 2 cm 50 mm weit.
Schnecke Brauni kriecht 1 dm 24 cm 120 mm weit.

- Welche Schnecke hat das Rennen gewonnen?

(**Tipp:** Suche eine passende Einheit und wandle alle Längen in diese Einheit um! So kannst du besser vergleichen.)

**72.** Eine Mauer soll 3 m 17 dm 20 cm hoch werden. In einer Stunde schafft Maurer Willi eine Höhe von 9 dm 8 cm.

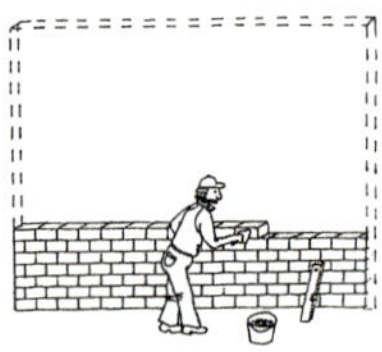

- Nach welcher Zeit ist die Mauer fertig?

**73.** Eine Leiter hat 7 Sprossen. Der Abstand zwischen zwei Sprossen beträgt 2 dm 3 cm. Jede Sprosse ist 4 cm breit. Am unteren und am oberen Ende ragen die Holme jeweils um 27 cm hervor.

- Wie viele m ist die Leiter lang?

**74.** Jetzt musst du genau nachdenken!
Ein Seil wird nacheinander zweimal in der Hälfte zusammengelegt.

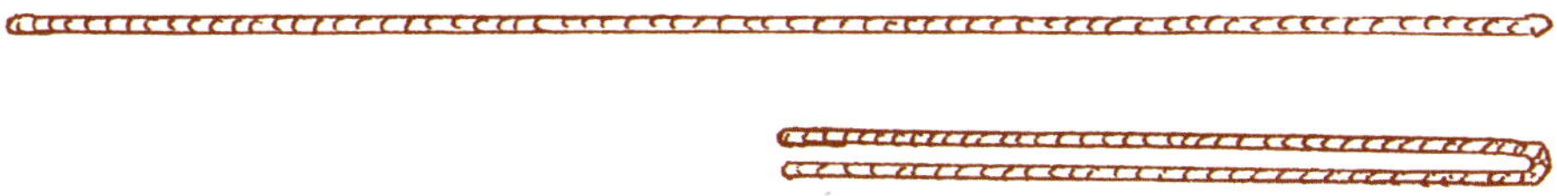

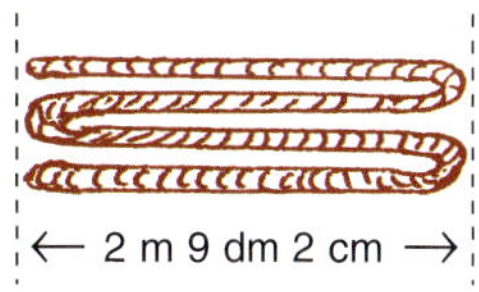


Es hat dann eine Länge von 2 m 9 dm 2 cm

- Wie viele m ist das Seil tatsächlich lang?

**75.** In einem Regal, das 2 m 40 cm lang, 90 cm hoch und 50 cm tief ist, sollen Kisten gelagert werden. Eine Kiste ist 45 cm breit, 30 cm hoch und 50 cm lang.

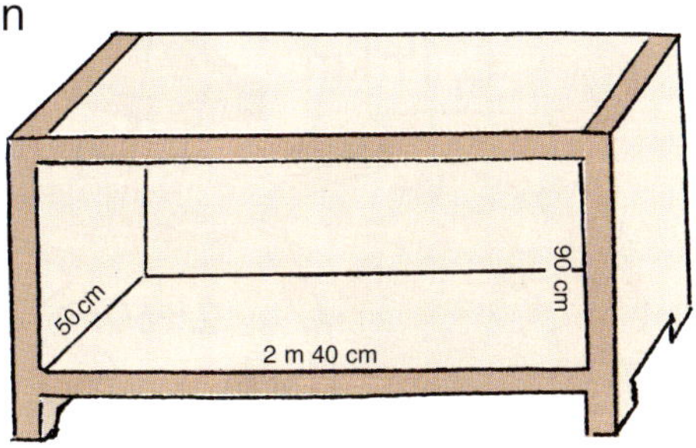


- Lagere die Kisten so, dass möglichst viele Platz haben. Überlege zuerst, ob man sie **liegend** oder **stehend** lagern muss.

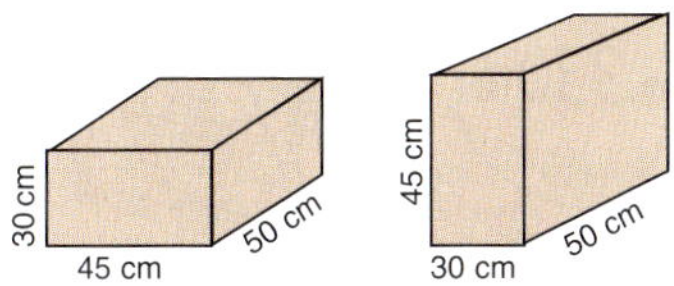

- Wie viele Kisten kann man im günstigsten Fall lagern?

# 76. Die Radtour

Andrea und ihr Bruder Armin machen eine Radtour.

- Du sollst herausfinden, wie viele km sie gefahren sind!

  (**Tipp:** Rechne alles in m um! Beachte: 1 km = 1000 m)

- Für schlaue Köpfe: Schreibe die Zahlenangaben als km mit Komma und vergleiche dann das Ergebnis!

# 7. Kapitel: Umfangs- und Flächenberechnungen

## Umfangsberechnungen:

Den Umfang eines Rechtecks oder Quadrats erhält man, wenn man alle Seiten **addiert**. Du musst also **+** rechnen.

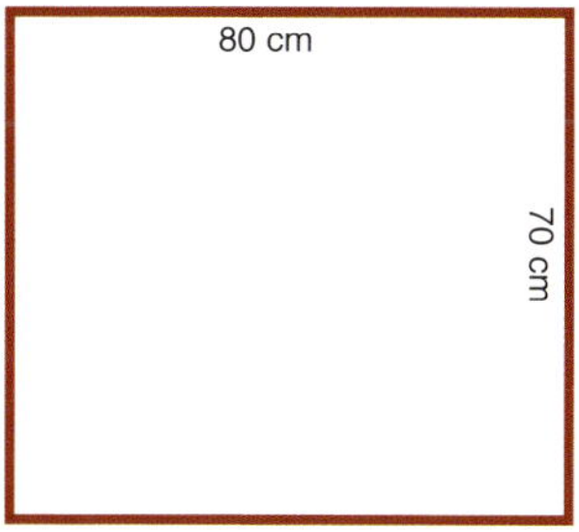


**77.** Ein Bild, das 80 cm lang und 70 cm breit ist, soll eingerahmt werden.

- Wie viele Meter Bilderrahmen müssen gekauft werden?

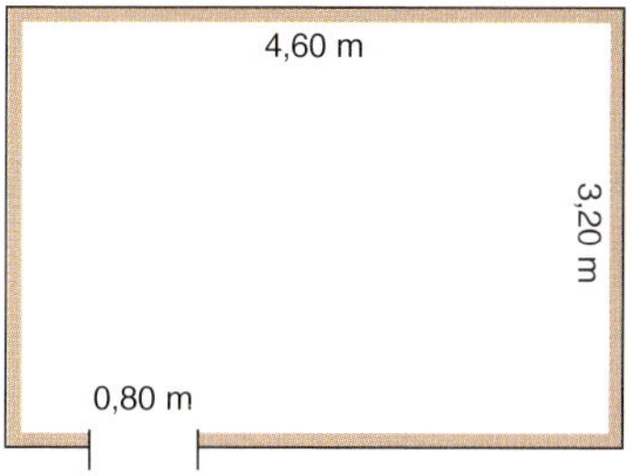


**78.** Birgits Zimmer ist 4 m 60 cm lang und 3 m 20 cm breit, die Tür ist 80 cm breit. Das Zimmer bekommt einen neuen Teppichboden, der mit Fußleisten befestigt wird.

- Wie viele Meter Fußleisten muss der Vater kaufen?

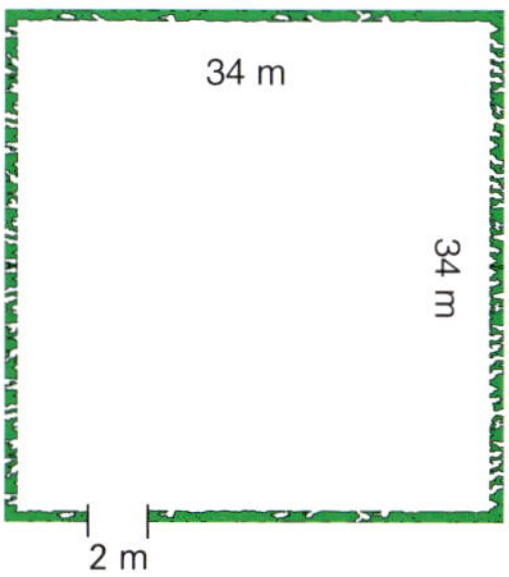


**79.** Ein quadratischer Spielplatz, der eine Seitenlänge von 34 m hat, wird mit einer Hecke umpflanzt. Für den Eingang bleiben 2 m frei. Die Bepflanzung kostet je laufender Meter (jeder Meter Hecke) 36 €.

- Berechne die Kosten für die Hecke!

**80.** Moni näht ein Samtband um zwei gleich große, quadratische Sofakissen, die eine Seitenlänge von 38 cm haben. Für die Schleifen an den Ecken braucht sie zusätzlich je Ecke 12 cm.

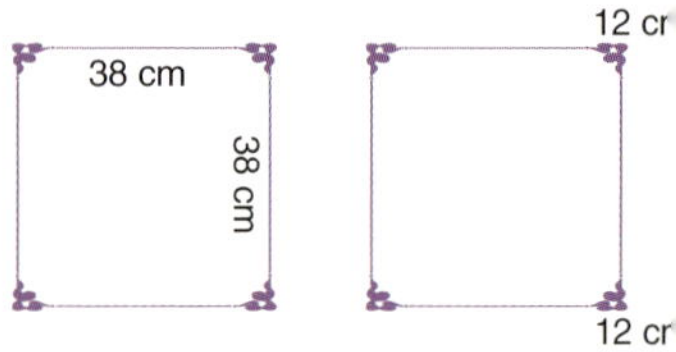


- Wie teuer ist die Umrandung, wenn 1 Meter Samtband 90 Cent kostet?

**81.** Peter rennt mit seinem Hund Wuffi einmal um eine quadratische Wiese mit 185 m Seitenlänge und anschließend noch **zweimal** um ein rechteckiges Fußballfeld, das 105 m lang und 70 m breit ist.

- Wie weit sind Peter und Wuffi gerannt?
- Rechne um in Kilometer!

(**Tipp:** Mache zuerst eine Skizze!)

**82.** Um eine Tischdecke, die 120 cm breit ist, wurde ein 560 cm langer Saum genäht.

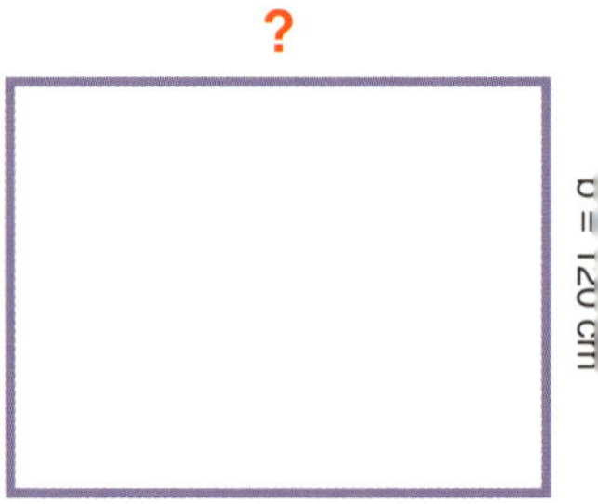


- Welche Länge hat die Tischdecke?

**83.** Der Elektrozaun um eine 170 m lange, rechteckige Viehweide kostete 3668 €.

- Wie groß ist die Breite der Viehweide, wenn 1 laufender Meter Zaun 7 € gekostet hat?

(**Tipp:** Mache zuerst eine Skizze und berechne dann den Umfang!)

**84.** Ein rechteckiges und ein quadratisches Grundstück haben den gleichen Umfang. Das rechteckige Grundstück ist 21 m breit, das quadratische Grundstück hat eine Seitenlänge von 24 m.

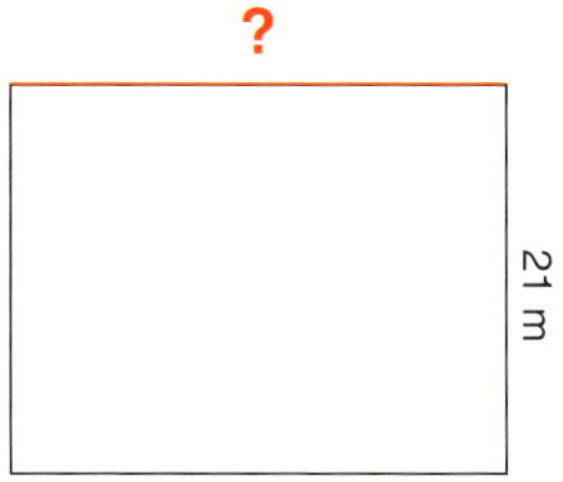


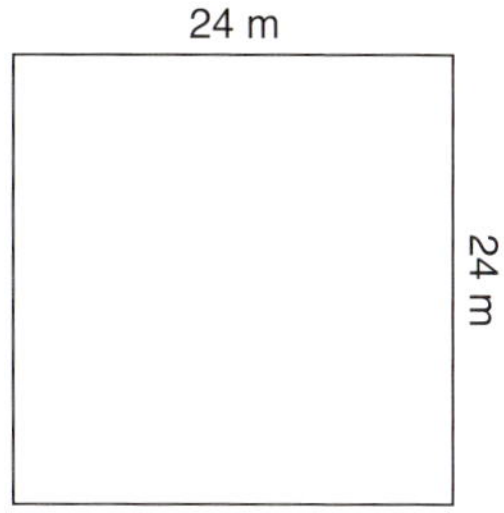


- Wie lang ist das rechteckige Grundstück?

**85.** Berechne die fehlenden Werte dieser Rechtecke!

(**Beachte:** 1 km = 1000 m)

| | | | | |
|---|---|---|---|---|
| Länge | 12 cm | 3,8 m | ? | 4 km |
| Breite | ? | 1,5 m | 2,5 dm | ? |
| Umfang | 42 cm | ? | 19 dm | 10,25 km |

**86.** Eine rechteckige Baugrube ist 3 m 50 cm lang und 2 m 60 cm breit. Zur Sicherheit soll im Abstand von 50 cm um die Baugrube ein rotes Band gespannt werden.

- Wie lang muss das rote Band sein?

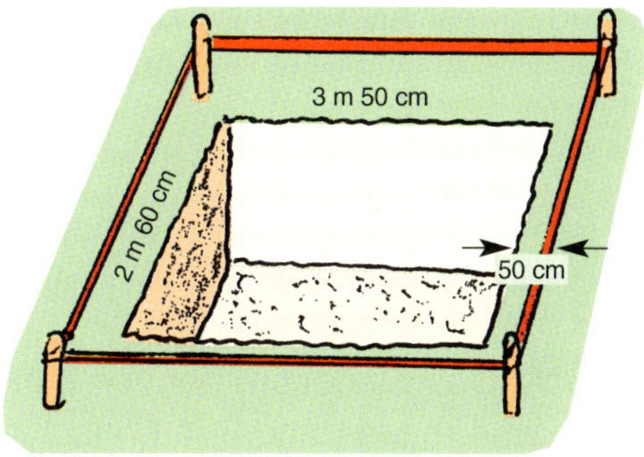

**87.** Auf einer quadratischen Tischplatte liegt eine Tischdecke, die jeweils 20 cm über den Tischrand hängt. Das Zierband um die Decke herum ist 6,6 m lang.

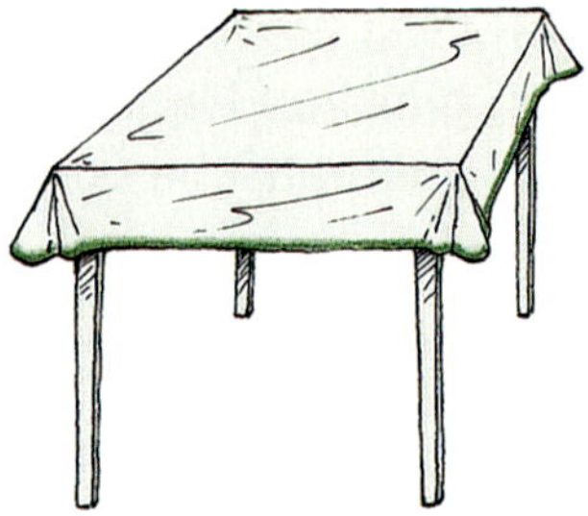

- Wie lang ist die Seite des Tisches?

(Mache zuerst eine Skizze!)

**88.** Um einen rechteckigen Garten, der 27 m lang und 18 m breit ist, wird ein Zaun gezogen. Im Abstand von 3 m werden Pfosten (Pfähle) gesetzt.

- Wie viel kostet die Umzäunung, wenn 1 m Zaun 21 €, ein Pfosten 9 € und das 3 m breite Tor 285 € kosten?
- Fertige eine Skizze an!

## Flächenberechnungen:

Die Fläche eines Rechtecks oder Quadrats erhält man, wenn man die Seiten a und b **multipliziert**. Du musst also rechnen:

$A = a \cdot b$

**89.** Das Kinderzimmer von Lisa bekommt einen neuen Teppichboden. Es ist 4 m lang und 3 m breit. 1 $m^2$ Teppichboden kostet 32 €.

- Zeichne das Zimmer im Maßstab 1:100!
- Wie teuer ist der Teppichboden?

**90.** Zwei Sperrholzplatten haben den gleichen Umfang.
Die eine ist quadratisch und hat eine Seitenlänge von 4 dm.
Die andere ist rechteckig und ist 5 dm lang und 3 dm breit.

- Prüfe nach, ob sie auch den gleichen Flächeninhalt haben!

**91.** Ein quadratisches Grundstück hat einen Umfang von 120 m.

- Wie groß ist die Fläche?

**92.** Alexander hat beim Fußballspiel ein großes Fenster eingeschossen. Die Fensterscheibe ist 1,50 m lang und 1,20 m hoch.

- Wie viel muss er für eine neue Scheibe bezahlen, wenn der Glaser für 1 $dm^2$ 55 Cent berechnet?

**93.** Wandle nebenstehende Flächeninhalte in die **nächstgrößere** Einheit um und trage sie in die Tabelle ein! Zwei Beispiele zeigen dir, wie das geht.

| | $km^2$ | ha | a | $m^2$ | $dm^2$ | $cm^2$ | $mm^2$ |
|---|---|---|---|---|---|---|---|
| 1200 $m^2$ | | | 12 | | | | |
| 3000 a | | 30 | | | | | |
| 500 $cm^2$ | | | | | | | |
| 1700 $dm^2$ | | | | | | | |
| 7300 ha | | | | | | | |
| 800 $mm^2$ | | | | | | | |

**94.** Für den Werkunterricht haben die Schüler gleich große Sperrholzplatten bekommen. Die Platte von Martin ist 90 cm lang und 50 cm breit. Christians Platte ist 60 cm breit.

- Wie lang ist sie?

**95.** Wandle auch diese Flächeninhalte in die **passenden** Einheiten um und trage sie in die Tabelle ein! Zwei Beispiele zeigen dir, wie das geht.

| | $km^2$ | ha | a | $m^2$ | $dm^2$ | $cm^2$ | $mm^2$ |
|---|---|---|---|---|---|---|---|
| 2765 $m^2$ | | | 27 | 65 | | | |
| 3008 $cm^2$ | | | | | 30 | 08 | |
| 15605 $dm^2$ | | | | | | | |
| 17,5 a | | | | | | | |
| 3,66 ha | | | | | | | |
| 0,854 $km^2$ | | | | | | | |
| 25070 $mm^2$ | | | | | | | |

**96.** Wandle nebenstehende Flächenmaße in die **nächstgrößere** (: 100) und in die **nächstkleinere** (· 100) Flächeneinheit um!

| | | | | |
|---|---|---|---|---|
| 14 a | = | 1400 $m^2$ | = | 140000 $dm^2$ |
| ? | = | 300 a | = | ? |
| | = | 4100 $dm^2$ | = | |
| | = | 400 $cm^2$ | = | |
| | = | 50 ha | = | |
| | = | 3 $m^2$ | = | |

**97.** Ein rechteckiger Acker hat eine Länge von 260 m und eine Breite von 85 m. Bei der Flurbereinigung soll dieser Acker gegen einen anderen gleich großen Acker, der 65 m breit ist, umgetauscht werden.

- Wie lang muss der andere Acker sein?

**98.** Komm, wir basteln einen Würfel! Die Kantenlänge soll 12 cm sein.

- Wie viel $dm^2$ bzw. $cm^2$ Pappe benötigen wir?

12 cm

**99.** Ein Teil der Längswand einer Küche soll mit Fliesen belegt werden. Die Fläche ist 1,65 m lang und 0,60 m hoch. Die quadratischen Fliesen haben eine Seitenlänge von 15 cm.

- Wie viele Fliesen werden gebraucht?

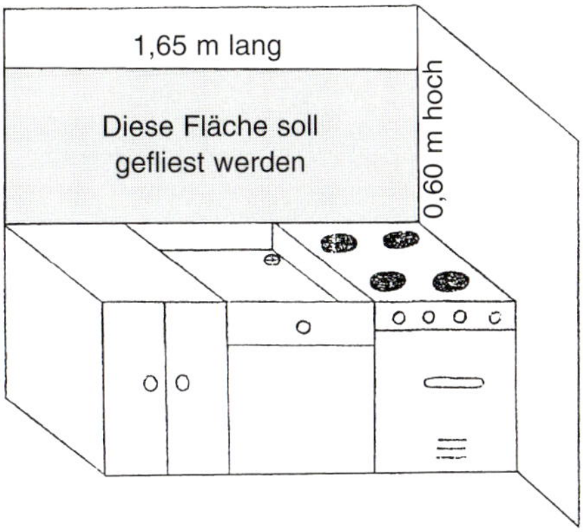


**100.** Lauras Eltern wollen den Fußboden der Küche mit quadratischen Fliesen belegen. Die Küche ist 3,80 m lang und 3 m breit. Eine Fliese hat eine Seitenlänge von 20 cm.

- Wie viele Fliesen werden gebraucht?

**101.** Um ein quadratisches Schwimmbecken, dessen Seitenlänge 12 m beträgt, wird ringsherum ein 2 m breiter Weg betoniert.

- Berechne die Kosten des Weges, wenn $1 m^2$ 19 € kostet.

**102.** • Berechne die Fläche dieser Figur!

(**Tipp:** Teile sie geschickt in 3 Rechtecke ein. Die Maße entnimm der Zeichnung!)

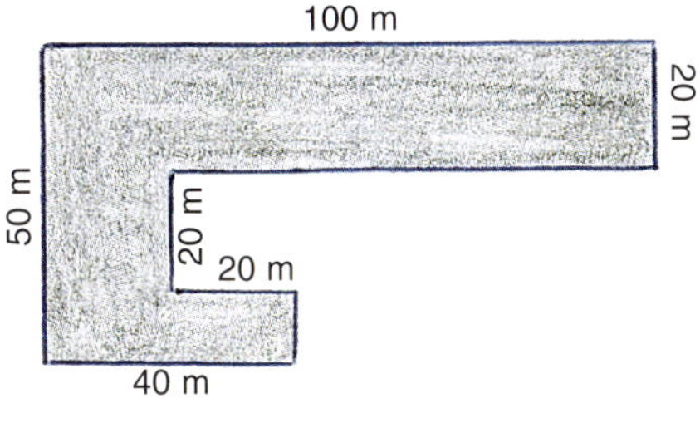

**103.**

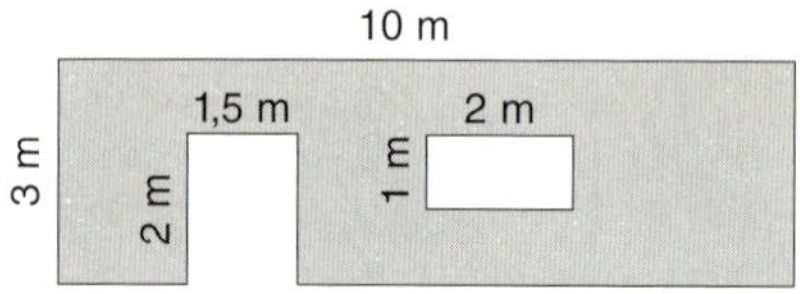


Nebenstehende Hauswand mit einer Tür und einem Fenster soll gestrichen werden.

- In welchem Maßstab ist diese Wand gezeichnet?
- Wie teuer ist das Streichen der Hauswand, wenn der Maler 3,80 € für 1 $m^2$ berechnet?

**104.** Das Kinderzimmer von Christian wird neu gestrichen. Es ist 4 m lang, 3 m breit und 2,5 m hoch. Das Fenster ist 2 m lang und 1,5 m hoch, die Tür ist 1 m breit und 2 m hoch. Es werden die Wände und die Decke gestrichen.

- Wie viel € muss Christians Vater dem Maler bezahlen, wenn dieser für 1 $m^2$ 4,10 € berechnet?

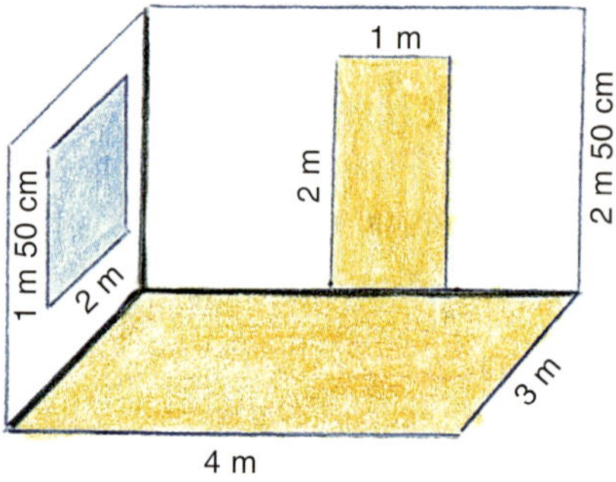


**105.** • Berechne die grüne Fläche (Rasenfläche)!

(**Tipp:** Subtrahiere die weiße Fläche von der Gesamtfläche!
Teile die weiße Fläche in 3 Flächen ein!)

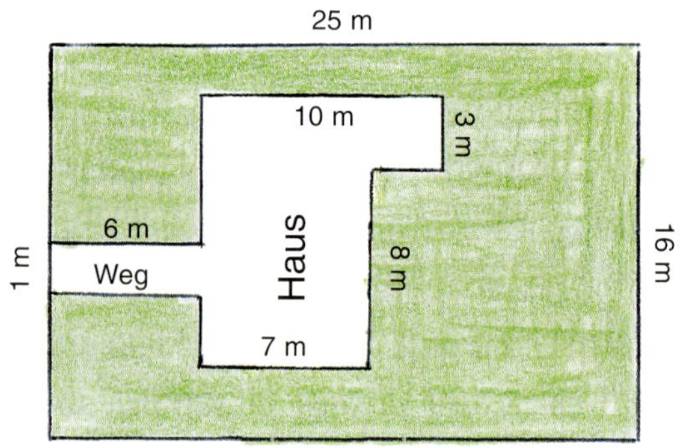

**106.** Dieses Würfelnetz könnte man zu einem Würfel falten. Aber nur drei der abgebildeten Würfel passen zu diesem Würfelnetz. Damit die Würfel lustiger aussehen, hat unsere Schnecke sie nachträglich ausgemalt.

- Findest du die richtigen Würfel heraus?

# **Anhang:** Größen, Formeln und Fachwörter

| Größen | | Abkürzungen | Umrechnungen | Umrechnungszahl |
|---|---|---|---|---|
| **Längenmaße** | Millimeter | mm | 10 mm = 1 cm | 10 |
| | Zentimeter | cm | 10 cm = 1 dm | |
| | Dezimeter | dm | 10 dm = 1 m | |
| | Meter | m | 100 cm = 1 m | |
| | Kilometer | km | 1000 m = 1 km | |
| **Flächenmaße** | Quadratmillimeter | $mm^2$ | 100 $mm^2$ = 1 $cm^2$ | 100 |
| | Quadratzentimeter | $cm^2$ | 100 $cm^2$ = 1 $dm^2$ | |
| | Quadratdezimeter | $dm^2$ | 100 $dm^2$ = 1 $m^2$ | |
| | Quadratmeter | $m^2$ | 100 $m^2$ = 1 a | |
| | Ar | a | 100 a = 1 ha | |
| | Hektar | ha | 100 ha = 1 $km^2$ | |
| | Quadratkilometer | $km^2$ | | |
| **Hohlmaße** | Liter | l | 100 l = 1 hl | 100 |
| | Hektoliter | hl | | |
| **Gewichte** | Gramm | g | 1000 g = 1 kg | 1000 |
| | Kilogramm | kg | 1000 kg = 1 t | |
| | Tonne | t | | |
| **Zeitmaße** | Sekunde | s | 60 s = 1 min | 60 |
| | Minute | min | 60 min = 1 h | |
| | Stunde | h | | |

Umfang = 4 · a
Fläche = a · a

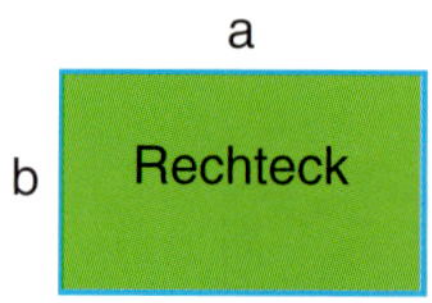


Umfang = 2 a + 2 b
= 2 · (a + b)
Fläche = a · b

**Das kleine Einmaleins:**

| | 1 | 2 | 3 | 4 | 5 | 6 | 7 | 8 | 9 | 10 |
|---|---|---|---|---|---|---|---|---|---|---|
| 1 | 1 | 2 | 3 | 4 | 5 | 6 | 7 | 8 | 9 | 10 |
| 2 | 2 | 4 | 6 | 8 | 10 | 12 | 14 | 16 | 18 | 20 |
| 3 | 3 | 6 | 9 | 12 | 15 | 18 | 21 | 24 | 27 | 30 |
| 4 | 4 | 8 | 12 | 16 | 20 | 24 | 28 | 32 | 36 | 40 |
| 5 | 5 | 10 | 15 | 20 | 25 | 30 | 35 | 40 | 45 | 50 |
| 6 | 6 | 12 | 18 | 24 | 30 | 36 | 42 | 48 | 54 | 60 |
| 7 | 7 | 14 | 21 | 28 | 35 | 42 | 49 | 56 | 63 | 70 |
| 8 | 8 | 16 | 24 | 32 | 40 | 48 | 56 | 64 | 72 | 80 |
| 9 | 9 | 18 | 27 | 36 | 45 | 54 | 63 | 72 | 81 | 90 |
| 10 | 10 | 20 | 30 | 40 | 50 | 60 | 70 | 80 | 90 | 100 |

| | | |
|---|---|---|
| 12 + 4<br>addieren | = | 16<br>Summe |
| 30 – 8<br>subtrahieren | = | 22<br>Differenz |
| 12 · 4<br>multiplizieren | = | 48<br>Produkt |
| 35 : 7<br>dividieren | = | 5<br>Quotient |

abgerundet wird bei 0, 1, 2, 3, 4 → 83 → 80
aufgerundet wird bei 5, 6, 7, 8, 9 → 26 → 30

# Stichwortverzeichnis

grün = leichte blau = etwas schwierigere rot = schwierige Aufgaben